架空线路金具典型缺陷和故障案例剖析

EPTC 架空输电线路电力金具专业技术工作组　组编

中国水利水电出版社
www.waterpub.com.cn

·北京·

内 容 提 要

本书共收集了架空线路金具典型缺陷和故障案例 68 个。按照架空线路金具类别分类，典型缺陷和故障案例主要包括耐张线夹类、接续金具类、悬垂线夹类、连接金具类、防护金具类和其他类共 6 大类。从产品设计、生产制造、工程设计、施工安装、运行维护和外部环境等方面对架空线路金具缺陷和故障发生的原因进行了深入分析，阐述现场处置方法和后期防范措施，并从质量控制、设计优化、试验检测、施工安装和运维检修等方面深入总结提出架空线路金具的缺陷和故障防范措施及质量提升建议。

本书可供从事电力金具科学研究、工程设计、产品制造、试验检测、施工安装和运维检修等方面的从业人员使用，也可供高等院校师生参考。

图书在版编目（CIP）数据

架空线路金具典型缺陷和故障案例剖析 / EPTC架空
输电线路电力金具专业技术工作组组编. -- 北京 ： 中国
水利水电出版社，2020.12（2024.5重印）
ISBN 978-7-5170-9292-6

Ⅰ. ①架… Ⅱ. ①E… Ⅲ. ①架空线路－输电线路金
具－缺陷②架空线路－输电线路金具－故障诊断 Ⅳ.
①TM75

中国版本图书馆CIP数据核字(2020)第266351号

书　　名	**架空线路金具典型缺陷和故障案例剖析** JIAKONG XIANLU JINJU DIANXING QUEXIAN HE GUZHANG ANLI POUXI	
作　　者	EPTC 架空输电线路电力金具专业技术工作组　组编	
出版发行	中国水利水电出版社 （北京市海淀区玉渊潭南路 1 号 D 座　100038） 网址：www.waterpub.com.cn E-mail：sales@mwr.gov.cn 电话：(010) 68545888（营销中心）	
经　　售	北京科水图书销售有限公司 电话：(010) 68545874、63202643 全国各地新华书店和相关出版物销售网点	
排　　版	中国水利水电出版社微机排版中心	
印　　刷	天津嘉恒印务有限公司	
规　　格	184mm×260mm　16 开本　9 印张　219 千字	
版　　次	2020 年 12 月第 1 版　2024 年 5 月第 2 次印刷	
印　　数	2001—3000 册	
定　　价	98.00 元	

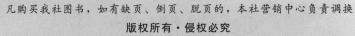

本书编委会

主   编：王景朝　王红星

副 主 编：韩文德　万建成　曹玉杰　刘胜春　陶有奎　郑武略

参编人员：（按姓氏笔画排序）

马　跃　王法治　王恩久　牛海军　尹　洪　冯砚厅
朱玉鹏　庄建煌　刘　亮　刘勇龙　刘　耀　孙光磊
杜继红　杨国华　杨跃光　杨　徽　李文荣　李　宏
李新春　吴　琼　张　军　张富春　张静华　陈　鹏
周富强　郑　晓　赵宇田　赵建利　赵建坤　赵航航
闻名芳　姚一鸣　贾　迪　钱方良　郭拾崇　唐　静
黄成云　曹家军　曹懋峰　廖嘉欣　操松元　薛春林

审查人员：尤传永　张宜生　郑永平　严行建　应伟国　周自更

参编单位：（此排名不分先后）

中国南方电网有限责任公司超高压输电公司检修试验中心

中国能源建设集团南京线路器材有限公司

中国电建集团成都电力金具有限公司

中国电建集团河南电力器材有限公司

中国电建集团四平线路器材有限公司

江东金具设备有限公司

泰科电子（上海）有限公司

固力发集团股份有限公司

永固集团股份有限公司

北京帕尔普线路器材有限公司

湖州泰仑电力器材有限公司

南京特瑞线路器材有限公司

山东光大线路器材有限公司

潍坊鑫安金具有限公司

江苏双汇电力发展股份有限公司

红光电气集团有限公司

平高集团有限公司

重庆德普电气有限公司

河南新弘电力科技有限公司

案例提供单位：（此排名不分先后）

中国南方电网有限责任公司超高压输电公司广州局

中国电力科学研究院有限公司

国网安徽省电力科学研究院

国网新疆电力有限公司电力科学研究院

国网北京市电力公司电力科学研究院

国网河北省电力公司电力科学研究院

国网冀北电力有限公司电力科学研究院

国网江西省电力有限公司电力科学研究院

国网江苏省电力公司检修分公司

国网兰州输电检修中心

国网湖北省电力有限公司检修公司

国网安徽省电力有限公司检修分公司

内蒙古电力科学研究院

广西电网有限责任公司电力科学研究院

国网江苏省电力有限公司

国网天津市电力公司

国网浙江省电力公司金华供电公司

国网福建省电力有限公司莆田供电公司

中国南方电网云南电网有限责任公司大理供电局

中国南方电网云南电网有限责任公司昆明供电局

内蒙古电力（集团）有限责任公司锡林郭勒电业局

新疆送变电工程有限公司

安徽送变电工程有限公司

内蒙古电力勘测设计院有限责任公司

中国电力顾问集团华北电力设计院工程有限公司

固力发集团股份有限公司

永固集团股份有限公司

河南四达检测技术有限公司

前　言

电力工业技术的快速进步，促进了我国国民经济持续稳定高质量的发展，并对电力供应的安全性、可靠性和稳定性提出了更高的要求，架空线路金具缺陷和故障的发生是影响电力生产安全运行的重要因素之一。

为强化电网设备本质安全，提高架空线路金具缺陷和故障的处置及防范技术水平，中国电力企业联合会电力技术协作平台组织中国电力科学研究院有限公司、国网安徽省电力有限公司以及内蒙古电力（集团）有限责任公司等单位的专业技术人员，在总结分析电力系统历年来发生的与架空线路金具相关的部分典型缺陷和故障的基础上，编写了《架空线路金具典型缺陷和故障案例剖析》。按照架空线路金具类别对缺陷和故障案例进行了分类，并结合图片按相关定义进行描述，本书对缺陷和故障进行深入分析，给从事架空线路金具的相关人员对金具缺陷和故障一个直观、形象的认识，提高其对金具缺陷和故障的认定和分析处理能力。

书中详细阐述了架空线路金具缺陷和故障的原因、处置和防范措施以及后期质量提升方案，是开展架空线路金具技术监督的宝贵经验总结。对收集到的案例进行统计分析，发现耐张线夹和连接金具发生缺陷和故障的情况较多，接续金具和防护金具发生缺陷和故障的情况较少。

本书得到了与电力金具相关单位的大力支持，国家电网有限公司和中国南方电网有限责任公司所属相关单位、内蒙古电力（集团）有限责任公司以及相关电力金具制造企业等单位为本书提供了大量案例素材，在此一并致谢。

由于编写人员水平有限，书中难免存在不妥和疏漏之处，恳请广大读者批评指正。

作者
2020 年 10 月

目　录

第1章

概　　述

　　金具作为架空线路中广泛使用的铁制或铝制金属附件，在线路运行中需要传递较大的机械负荷和电气负荷，或起到某种防护作用。金具产品品种众多、结构多样，担负着安全送电的重大使命。

　　架空线路长期暴露于大气环境，受恶劣天气和环境等不确定因素的影响，使得大部分金具在运行中需要承受较大的机械负荷，有的同时还要承受较大的电气负荷。即使单一金具发生损坏，都有可能造成电网故障。因此，对电力金具的生产设计、材料选型、制造质量、施工工艺以及运维管理等方面提出更高的要求。电力金具应满足足够的机械性能、电气性能、耐磨和耐腐蚀性能要求，金具应采用先进的生产工艺和节能环保的材料进行制造，配件应尽量选择标准件，实现通用和互换，为施工、运行和检修创造便利条件。

　　本书主要通过对电力系统历年来电力金具发生的部分典型故障案例进行剖析，重点分析故障产生的原因，总结现场处置方法和防范措施，并对金具质量的提升提出指导性意见。通过不断总结经验，加强科学研究，提高金具结构和材料的合理性，不断研究新结构、新材料和新工艺，提高金具产品质量，确保电力系统的安全稳定运行。

1.1　电力金具的种类

　　电力金具在架空电力线路及配电等装置中，主要用于支持、固定和接续导线、地线、OPGW（导线、地线、OPGW 以下简称导线）、导体及绝缘子连接成串，也用于保护导线和绝缘子。金具种类繁多，用途各异，按主要性能和用途，金具大致可分为以下几类：

　　（1）耐张线夹，又称紧固金具或锚固金具。耐张线夹主要用来紧固导线的终端，使其固定在导线绝缘子串上，也用于地线终端的固定及拉线的锚固。耐张线夹承担导线和地线的张力，部分耐张线夹同时承担载流作用。耐张线夹结构形式多样以适应各种应用需求。耐张线夹按结构和安装方法主要分为压缩型耐张线夹、螺栓型耐张线夹、楔形耐张线夹和预绞式耐张线夹。

（2）接续金具。接续金具用于接续各种导线、地线以及导线、地线断股的补修。接续金具承担与导线、地线相同的电气负荷，部分接续金具也承受着导线、地线运行中的张力。接续金具按其承受拉力状况分为承力型和非承力型；按施工方法分为压缩型接续金具和非压缩型接续金具。压缩型接续金具包括钳压接续金具、液压接续金具和爆压接续金具；非压缩型接续金具包括螺栓型接续金具、预绞式接续金具、楔型线夹和穿刺线夹。

（3）悬垂线夹，又称支持金具或悬吊金具。悬垂线夹主要用于架空电力线路和变电站，通过连接金具和绝缘子将导线、地线悬挂在杆塔上（多用于直线杆塔），也可用于换位杆塔上支持换位导线以及非直线杆塔跳线的固定。在正常运行条件下主要承受垂直荷载。悬垂线夹按结构形式主要分为提包式悬垂线夹、中心回转式悬垂线夹和预绞式悬垂线夹。

（4）连接金具，又称挂线零件。连接金具用于绝缘子连接成串以及金具与金具的连接，承受机械载荷。根据连接金具的使用条件和结构特点，连接金具可分为槽型系列连接金具、环型系列连接金具和球窝系列连接金具三大系列。

（5）防护金具。防护金具通常用于对导线、地线、各类电气装置或金具本身，起到电气性能或机械性能防护作用。防护金具是保证电网安全稳定运行的基础。常见的防护金具有间隔棒、防振锤、阻尼线、防振鞭、防舞器、均压环、屏蔽环、均压屏蔽环、重锤片和护线条等。

1.2　电力金具典型缺陷和故障分类

本书将征集的电力金具典型缺陷和故障按照金具主要性能和用途进行分类，分为耐张线夹类、接续金具类、悬垂线夹类、连接金具类、防护金具类、其他类共六大类，并对六大类型的金具缺陷和故障案例进行详细的分析。通过案例简述，从缺陷/故障原因分析、处理方法、防范措施及质量提升建议四个方面进行详细论述，规范和指导安全生产工作，进一步提高架空线路的本质安全。

耐张线夹常见的故障包括破断、发热、锈蚀、铝管冻胀、绝缘层滑移、压接不到位和钢锚弯曲等类型。一般多是由于耐张线夹在施工过程中压接不到位、引流连接板之间有空隙等施工问题或者是耐张线夹在受环境因素、地区污秽因素等影响，加上本身制造工艺存在问题，造成线夹锈蚀。对于此类故障，建议针对关键部位施工，进行施工技术培训和施工工艺交底。如耐张线夹压接，施工单位应严格按照施工工艺规范要求作业，并运用 X 光探伤等手段加强验收环节把关。同时应根据不同的环境污秽等级，建立相应的巡检制度或要求，确定相应的巡检周期；对金具的腐蚀状态进行评估，及时报废和更换腐蚀严重的金具。在腐蚀严重地区，采用耐腐蚀能力强的金具，并可在施工过程中对耐张线夹钢锚覆涂防腐蚀材料，提高金具的防腐蚀能力。

接续金具常见的故障包括断裂、发热和弯曲等。一般多是由于运行时间久、发生振动磨损以及施工安装不规范等原因造成的。对于此类故障，建议加强运行维护，优化运检周期，加强施工工艺和质量等控制。

悬垂线夹常见的缺陷和故障包括破断、磨损、锈蚀和部件缺失等。一般多是由于金具本身存在缺陷，材料或制造工艺存在问题，机械强度不够，或者是设计过程中对微气象和微地形考虑不全面，金具选型存在问题。对于此类故障缺陷，建议全面加强落实产品质量控制体系，对生产制造、运输和存储等环节强化监管。同时应加强产品检测，除进行必需的型式试验外，在批量供货时还应进行抽检，采用金属探伤等手段发现内部缺陷，确保工程用产品满足相关标准要求。对于设计选型，要加强对线路沿线地形和气象的调查，正确选择强度符合要求的金具。

连接金具常见的故障包括破断、磨损、锈蚀和锁紧销失效等。一般多是由于设计条件与产品选型不匹配、产品本身存在质量缺陷以及施工安装不规范等原因造成的。对于此类缺陷与故障，建议优化工程设计，提高生产工艺水平和产品质量，改善施工工艺，加强质量管控。

防护金具常见的故障包括间隔棒失效，防振锤和防舞器磨损导线等，一般多是由于导线振动和舞动幅度大，金具受到较大的振动和扭动荷载导致劣化失效等原因造成的。建议对于此类缺陷与故障采取优化产品设计，把好施工质量和工艺控制关口等，确保防护金具发挥应有功能。

其他类金具典型故障主要包括线夹脱落或损坏、铝管式跳线铝管脱落和弯曲等，一般多是由于产品制造质量及工艺设计深度不够以及施工等原因造成的。对于此类故障，建议在工程设计过程中提高设计深度，提高产品制造质量和工艺水平以及加强施工工艺和质量等控制。

1.3　质量提升建议

为了保障架空线路更加安全稳定运行，金具质量的提升应从产品设计、制造、工程设计、施工、验收和运维等方面开展相关工作。

（1）在金具设计和制造方面，金具的设计应满足力学和电气等性能要求，针对大风区、舞动区和污秽严重区等恶劣环境进行优化设计。对金具进行选型及结构优化，优先选用高强韧和耐腐蚀材料，研究采用先进、适用的生产制造工艺，提升产品质量。

（2）在架空线路设计方面，应加大前期气象、污秽和运行经验的调查力度，优化路径设计方案，尽可能避开大档距、重冰区、易舞区等复杂气象以及重污染、高腐蚀地段。应进行多方案的技术经济比较，在兼顾经济性的同时，选择可靠性高、低损耗、易维护的新型金具产品和组装方案。

（3）在架空线路施工方面，施工单位应制定合理的施工方案，正确选择工器具，严格按施工工艺规程操作；与金具连接的工具不应对金具造成损伤或磨损；施工时应避免出现金具非正常受力状态；在重污染和高腐蚀地段施工时还应增加金具防腐措施，特别是压缩型耐张线夹和接续管内的钢质材料在施工前、后应做好防腐措施；对压缩型耐张线夹和接续管等紧密配合的金具尺寸要重点检查，剔除超差产品。

　　（4）在运行维护方面，运行单位应提前介入工程建设，加强施工设计图纸审核工作，防止不合理工程设计产生安全隐患；严格把好验收质量关，尤其加强隐蔽工程核验工作；日常运维结合设备运行环境制定差异化运维措施，积极采用先进检测技术开展设备定检工作，针对发现的缺陷及隐患及时消除，并深入分析问题产生原因，从产品设计、质量、施工以及运检等方面提出改进建议。

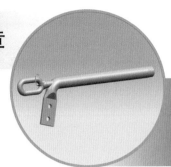

第2章

耐 张 线 夹

2.1 简介

2.1.1 定义及性能要求

耐张线夹是用来将导线或地线连接至耐张串（组）或金具串（组）上的金具，起到锚固作用，亦可用来固定拉线杆塔的拉线。耐张线夹结构形式多样，根据结构主要分为压缩型耐张线夹、螺栓型耐张线夹、楔形耐张线夹和预绞式耐张线夹；耐张线夹在架空输电线路、配电线路以及变电站中承担着很重要的作用，根据使用场合和安装方法不同，分为输电线路用耐张线夹、配电线路用耐张线夹、变电站用耐张线夹和绝缘电缆用耐张线夹等。

各类耐张线夹的握力、破坏载荷和电气性能（仅针对导线用耐张线夹）等性能必须满足以下要求：

（1）耐张线夹握力应满足 GB/T 2314—2008《电力金具通用技术条件》的要求，其与导线、地线额定拉断力（RTS）之百分比不应小于表 2-1 中的规定。

表 2-1 耐张线夹握力与导线、地线额定拉断力之百分比

序号	金具类别	百分比/%	序号	金具类别	百分比/%
1	压缩型耐张线夹（输电线路用）	95	5	配电线路用耐张线夹	65
2	预绞式耐张线夹（地线或光缆）	95	6	绝缘电缆用耐张线夹（剥皮）	65
3	螺栓型耐张线夹（输电线路用）	90	7	变电站用耐张线夹	65
4	楔型耐张线夹（输电线路用）	90			

从表 2-1 中可以看出对用于架空输电线路用耐张线夹握力要求较高，远高于其他使用场合。

（2）压缩型耐张线夹钢锚非压缩部分的拉断力不应小于导线、地线额定拉断力的105%，或符合需方要求。

（3）螺栓型耐张线夹本体拉断力不应小于导线额定拉断力的105%，或符合需方要求。

（4）承受电气负荷的耐张线夹不应降低本体的导电能力，其电气性能应满足如下要求：

1）导线接续处两端点之间的电阻，对于压缩型耐张线夹，不应大于同样长度导线的电阻。

2）导线接续处两端点之间的电阻，对于非压缩型耐张线夹，不应大于同样长度导线电阻的 1.1 倍。

3）导线接续处的温升不应大于被接续导线的温升。

4）耐张线夹的载流量不应小于被安装导线的载流量。

2.1.2　常用耐张线夹

常用耐张线夹主要是螺栓型耐张线夹、楔型耐张线夹、压缩型耐张线夹和预绞式耐张线夹，其适用范围及拆卸性见表 2-2。

表 2-2　　　　　　　　　　　　常用耐张线夹适用范围

序号	耐张线夹类型	适 用 范 围	备 注
1	螺栓型耐张线夹	适用于 240mm² 及以下截面导线、地线	可拆卸
2	楔型耐张线夹	适用于 240mm² 及以下截面导线、地线、架空绝缘电缆	可拆卸
3	压缩型耐张线夹	适用于所有截面导线、地线 *	不可拆卸
4	预绞式耐张线夹	多用于 OPGW、地线、OPPC	可拆卸

* 　地线在本书一般指镀锌钢绞线和铝包钢绞线

1. 螺栓型耐张线夹

螺栓型耐张线夹主要由线夹本体、压板和 U 形螺丝组成，它是利用 U 形螺丝的垂直压力，引起压块与线槽对导线产生的摩擦力来固定导线，主要包括倒装式螺栓型耐张线夹、冲压式螺栓型耐张线夹、铝合金螺栓型耐张线夹和架空绝缘电缆用螺栓型耐张线夹等，如图 2-1 所示。在安装裸导线时，一般在被安装的导线上缠一层铝包带以避免导线受到损伤；当用于架空绝缘电缆安装时，需剥去绝缘层并配绝缘罩使用。拉耳环不得用作紧线用施工挂孔。

螺栓型耐张线夹材质有可锻铸铁和铝合金两种，可锻铸铁应符合 GB/T 9440—2010《可锻铸铁件》标准要求，并经热浸镀锌防腐处理，铝合金应符合 GB/T 1173—2013《铸造铝合金》标准。随着铝合金铸造工艺水平逐渐提高，目前国内采用高强度节能铝合金材料制造的螺栓型耐张线夹更为普遍。

2. 楔型耐张线夹

楔型耐张线夹主要由线夹本体和楔块组成，它是利用楔形结构将导线和地线锁紧在线夹内，主要包括可锻铸铁楔型耐张线夹、可锻铸铁楔型 UT 形耐张线夹、铝绞线及绝缘铝绞线用楔型耐张线夹和架空绝缘电缆用楔型耐张线夹等，如图 2-2 所示。

楔型耐张线夹本体主要有可锻铸铁和铝合金两种材质，可锻铸铁材质的楔型耐张线夹是将钢绞线弯曲成与楔块一样的形状安装在线夹中，当钢绞线受力后，楔块与钢绞线同时沿线夹本体内壁向线夹出口滑移，愈拉愈紧，逐渐呈锁紧状态，如图 2-2（a）和图 2-2（b）所示。

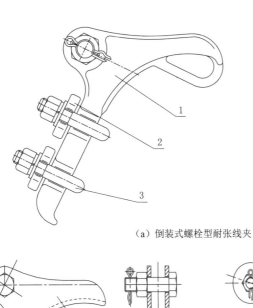
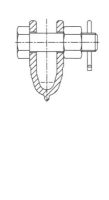

（a）倒装式螺栓型耐张线夹

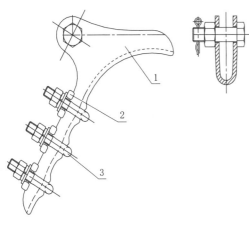
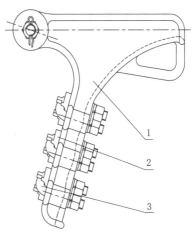

（b）冲压式螺栓型耐张线夹　　　　　　　　（c）铝合金螺栓型耐张线夹

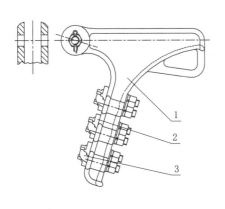
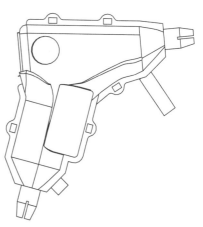

（d）架空绝缘电缆用螺栓型耐张线夹

图 2-1　螺栓型耐张线夹

1—线夹本体；2—压板；3—U 形螺栓

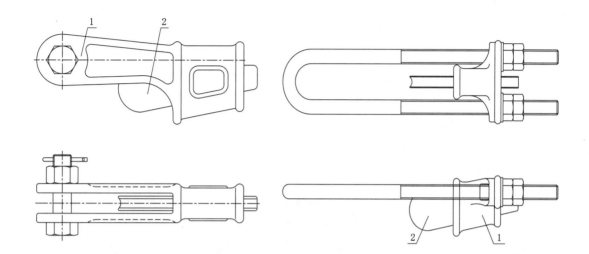

（a）可锻铸铁楔型耐张线夹　　　　　　　　　（b）可锻铸铁楔型UT形耐张线夹

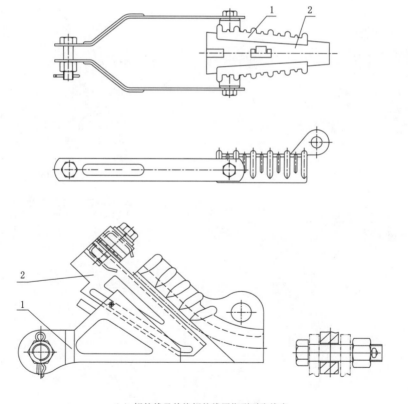

（c）铝绞线及绝缘铝绞线用楔型耐张线夹

图 2-2（一）　楔型耐张线夹

1—线夹本体；2—楔块

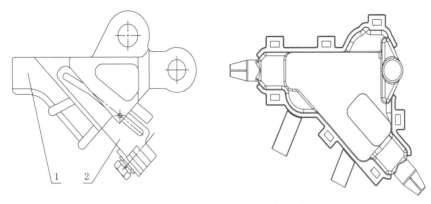

（d）架空绝缘电缆用楔型耐张线夹

图 2-2（二）　楔型耐张线夹

1—线夹本体；2—楔块

目前，铝合金材质的楔型耐张线夹使用更加广泛，适用于铝绞线和绝缘铝绞线的楔型耐张线夹，如图 2-2（c）所示，其本体主要选用防腐能力强、重量轻的高强度铝合金材料制造，挂板或拉杆采用低碳钢制造，而压紧导线的楔块一般选用增强尼龙工程塑料制作。由于其安装方便，无须剥皮，绝缘性能可靠，在 10kV 及以下配电线路中被大量采用。当用于安装架空绝缘电缆时，需剥去绝缘层并配绝缘罩使用，如图 2-2（d）所示。

3. 压缩型耐张线夹

压缩型耐张线夹指必须用一定规格的钢模以液压机进行压缩的耐张线夹。针对不同的绞线，其结构存在一定的差异；针对同一类绞线，因绞线截面大小不一，且存在用作导线或地线的差异，因此其结构也不尽相同。以输电线路最常用的钢芯铝绞线所用耐张线夹为例，其结构变化多在以下几处：引流板与铝管之间的连接方式和角度，引流板与引流线夹之间是单面还是双面接触。图 2-3 所示的几种结构形式均在工程中有过大量应用。

大多数压缩型耐张线夹由钢锚、铝（铝合金）管和引流线夹组成。钢锚用来接续和锚固钢芯或铝合金芯，铝（铝合金）管用来接续导线的铝（铝合金）绞线部分，用压力使金属产生塑性变形，从而使线夹和导线结合为一体，如图 2-3 所示。不同种类导线用耐张线夹的钢锚和铝管的形式存在差异，必要时，在铝（铝合金）管内可增加铝（铝合金）套管。用于地线的压缩型耐张线夹，一般由钢锚直接构成，如图 2-4 所示。若有需要，可增加铝衬管（保护套）。

压缩型耐张线夹承受导/地线张力并承载导线电流，满足特定的机械和电气性能要求。这类线夹一旦安装后，就不能再行拆卸。压缩型耐张线夹的安装必须遵守 DL/T 5285—2018《输变电工程架空导线（800mm^2 以下）及地线液压压接工艺规程》。

液压式耐张线夹的铝管、引流板和引流线夹多采用 GB/T 3190—2016《变形铝及铝合金化学成分》标准牌号为 1050A 的热挤压成型铝管制造，强度不低于 80MPa，伸长率不低于 12%，硬度不应高于 25HB，超过时应退火处理；现在由于铝合金材质绞线的发展，耐张线夹铝管也可采用 3A21 铝合金管制造，强度不低于 135MPa，伸长率不低于 12%，

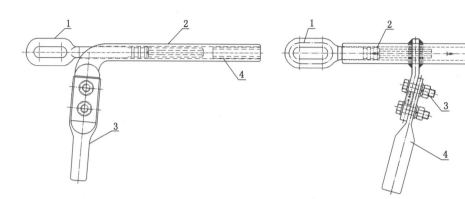

1—钢锚；2—铝（铝合金）管；3—引流线夹；4—衬管（按需）
（a）单板式压缩型耐张线夹（弯管式）

1—钢锚；2—铝（铝合金）管；3—引流板；4—引流线夹
（b）单板式压缩型耐张线夹（焊接式）

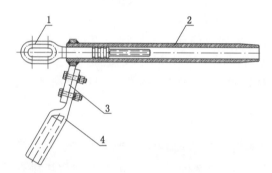

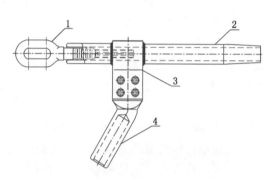

1—钢锚；2—铝（铝合金）管；3—引流板；4—引流线夹
（c）单板式压缩型耐张线夹（焊接式）

1—钢锚；2—铝（铝合金）管；3—引流板；4—引流线夹
（d）钢芯铝绞线用双板式压缩型耐张线夹

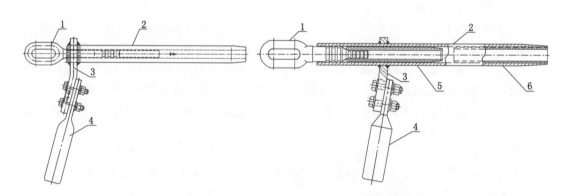

1—钢锚；2—铝（铝合金）管；3—引流板；4—引流线夹
（e）铝（铝合金）绞线用单板式液压型耐张线夹

1—钢锚；2—铝管；3—引流板；4—引流线夹；
5—铝合金压接管；6—衬管（按需）
（f）铝合金芯铝绞线用单板式压缩型耐张线夹

图 2-3（一）   压缩型耐张线夹

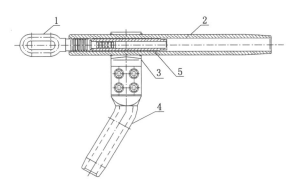

1—钢锚；2—铝管；3—引流板；4—引流线夹；5—铝合金压接管

（g）铝合金芯铝绞线用双板式压缩型耐张线夹

图2-3（二） 压缩型耐张线夹

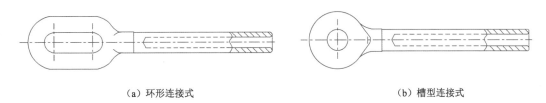

（a）环形连接式   （b）槽型连接式

图2-4 地线压缩型耐张线夹

硬度不高于35HB。导线耐张线夹钢锚多采用GB/T 699—2015《优质碳素结构钢》规定牌号为10钢制造，或采用GB/T 700—2006《碳素结构钢技术规范》的规定牌号为Q235制造，Q235含碳量不超过0.15%，成品强度不低于370MPa，硬度不大于156HB。引流线夹由铝（铝合金）管拍扁而成。跳线先与引流线夹压接，引流线夹再用螺栓与耐张线夹引流板连接，因此跳线长度有调整的余地，这种线夹安装方便。由于增加了电气接触点，安装时必须认真清理搭接板接触面，才能确保有良好的电气接触性能。

4. 预绞式耐张线夹

预绞式耐张线夹是利用金属丝预成型的螺旋状交叉的双腿结构，顺着绞线方向自然缠绕在绞线上。在预绞丝受力拉紧时，预绞丝的螺旋直径变小的趋势对绞线表面产生压紧力，从而产生摩擦力握住导线。

预绞式耐张线夹的预绞丝一般采用铝包钢丝或镀锌钢丝，双层预绞式结构通常内层采用单丝直径较小的左旋绞丝，外层采用单丝直径较大的右旋绞丝，为了增大与绞线和两层绞丝之间的摩擦力，绞丝内表面附着白刚玉砂。

绞线额定拉断力值较小时使用单耐张线夹，力值大时使用双耐张线夹，结构分别如图2-5和图2-6所示。

2.1.3 特殊耐张线夹

1. 碳纤维复合材料芯导线用耐张线夹

碳纤维复合材料芯导线用耐张线夹主要适用于JRLX/F、JNRLH1/F、JNRLH1X1/

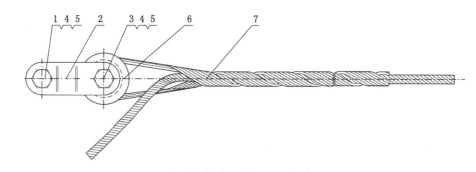

图 2-5　预绞式单耐张线夹

1—螺栓；2—挂板；3—螺栓；4—螺母；5—闭口销；6—心形环；7—耐张预绞丝

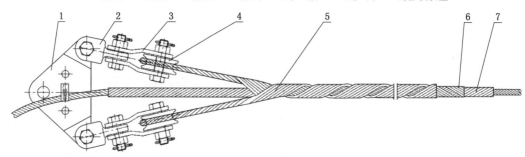

图 2-6　预绞式双耐张线夹

1—三角联板；2—直角挂板；3—PS挂板；4—心形环；5—耐张外绞丝；6—耐张中绞丝；7—耐张内绞丝

F 型碳纤维复合材料芯导线，由于这种导线的特殊性，其耐张线夹与一般产品的差异之处在于采用一种楔型自锁原理来握紧碳纤维复合材料芯棒。

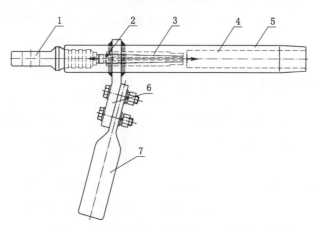

1—钢锚；2—楔形夹芯；3—楔形夹座；4—内衬管（按需）；
5—铝管；6—引流板；7—引流线夹

图 2-7　碳纤维导线耐张线夹常见结构

碳纤维复合材料芯导线用耐张线夹握力主要靠楔型自锁结构的正压力产生摩擦力从而达到握力要求。碳纤维复合材料芯导线用耐张线夹一般由连接钢锚、楔形夹芯、楔形夹座、铝管和引流线夹等部件组成，其中由楔形夹芯和楔形夹座组成夹持碳纤维复合材料芯的装置，且楔形夹芯为圆台状，这种结构夹持效果好，握紧力强，但加工工艺复杂，其材料一般采用不锈钢，如图 2-7 所示。碳纤维复合材料芯导线用耐张线夹的施工应严格按照 DL/T 5284—2019《碳纤维复合芯铝绞线施工工艺导则》中的相关规定执行。

2. 集束绝缘电缆耐张线夹

集束绝缘电缆按其结构形式，分为绞合集束绝缘电缆和平行集束绝缘电缆。在我国农村电网建设中普遍使用平行集束绝缘电缆。按平行集束绝缘电缆芯数不同，集束绝缘耐张线夹一般分为两芯集束绝缘耐张线夹和四芯集束绝缘耐张线夹。耐张线夹握力应不小于集束绝缘电缆综合拉断力的 65％。

　　两芯集束绝缘耐张线夹根据其适用电缆截面大小不同，常见有两种结构形式，如图2-8 所示。小截面（50mm² 及以下）两芯集束绝缘耐张线夹主要由固定压板、塑料夹板、楔块和拉杆组成，通过螺栓垂直压力和楔块劈力作用，将电缆锁紧。其固定压块一般采用铝合金或热镀锌钢制件制造，内衬塑料夹板一般选用增强尼龙工程塑料制作，楔块一般采用铝合金制造，拉杆一般采用热镀锌钢制件。大截面（50～120mm² 及以下）两芯集束绝缘耐张线夹主要由本体、塑料楔芯和挂板组成，通过塑料楔芯的劈力作用，将电缆锁紧。其本体主要选用防腐能力强、重量轻的高强度铝合金材料制造，而压紧导线的塑料楔芯一般选用增强尼龙工程塑料制作，挂板一般采用热镀锌钢制件制造。四芯集束绝缘耐张线夹根据其适用电缆截面大小不同，常见的也有两种结构形式，如图2-9 所示。这两种结构形式均在两芯集束绝缘耐张线夹结构上增加塑料夹板演变而来，其所用材料和工作原理均与两芯集束绝缘耐张线夹相同。

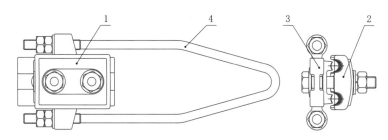

1—固定压板；2—塑料夹板；3—楔块；4—拉杆

（a）小截面（50mm²及以下）两芯集束绝缘耐张线夹

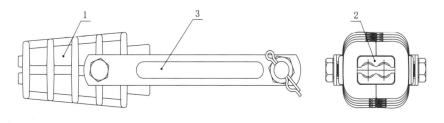

1—本体；2—塑料楔芯；3—挂板

（b）大截面（50～120mm²及以下）两芯集束绝缘耐张线夹

图 2-8　常见两芯集束绝缘耐张线夹结构形式

3. 大跨越用耐张线夹

　　大跨越工程一般采用压缩型耐张线夹。由于大跨越工程环境特殊，导线一般结合工程实际情况进行特殊设计，国内常用的大跨越导线是钢芯铝合金绞线和铝包钢绞线。这种导线铝钢比较小、额定拉断力高，导线运行张力大。

　　大跨越导线耐张线夹的设计原理和主体结构与常用液压式耐张线夹相同，只是大跨越导线的拉断力大导致耐张线夹的握力值高，需要在常用耐张线夹结构的基础上进行优化。

由于钢芯直径大导致铝管与导线之间有间隙，大跨越耐张线夹的铝管与导线之间采用加衬管的方式进行压接。同时，大跨越耐张线夹对钢锚环进行加粗加大的特殊设计。为了满足耐张铝管的强度要求，大跨越耐张线夹可采用强度较高的 3A21 铝合金挤压管。常见大跨越耐张线夹如图 2-10 所示。

4. OPPC 预绞式耐张线夹

OPPC 是光纤复合架空相线，具备传导和通信的双重功能。因其中包括光纤单元，为了最大限度在连接部位保护光缆，一般采用预绞式耐张线夹，如图 2-11 所示。OPPC 要满足运行张力的要求，在 OPPC 额定拉断力大于 120kN 时采用三层预绞式双耐张线夹，即包括内绞丝和两层耐张的外绞丝。

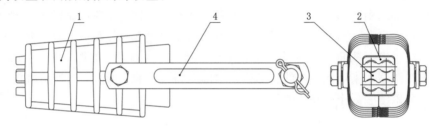

1—固定压板；2—塑料夹板；3—楔块；4—拉杆

（a）小截面（50mm² 及以下）四芯集束绝缘耐张线夹

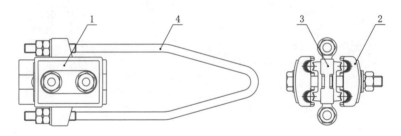

1—本体；2—塑料楔芯；3—塑料夹板；4—挂板

（b）大截面（50~120mm² 及以下）四芯集束绝缘耐张线夹

图 2-9　常见四芯集束绝缘耐张线夹结构形式

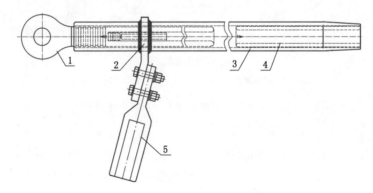

1—钢锚；2—引流板；3—铝管；4—铝衬管；5—引流线夹

（a）钢芯铝合金绞线耐张线夹（槽型—单板）

图 2-10（一）　常见大跨越用耐张线夹

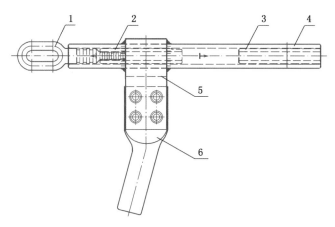

1—钢锚；2、3—铝衬管；4—铝管；5—引流板；6—引流线夹
（b）钢芯铝合金绞线耐张线夹（环环—双板）

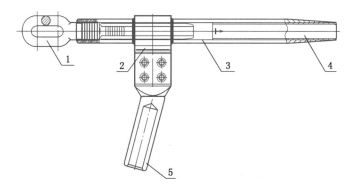

1—钢锚；2—引流板；3—铝管；4—铝衬管；5—引流线夹
（c）钢芯铝绞线耐张线夹（环环—双板）

图 2－10（二）　常见大跨越用耐张线夹

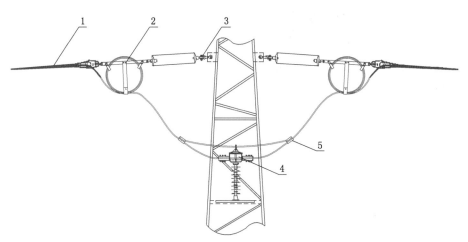

图 2－11　OPPC 耐张线夹安装示意图

1—预绞式耐张线夹；2—OPPC 余缆架；3—连接金具组件；4—OPPC 中间接头盒；5—并沟线夹

OPPC 安装在输电线路中，其握力值必须达到 95％RTS。耐张线夹内层绞丝采用铝合金丝，外绞丝握力值较小时使用铝合金丝，握力值较大时采用铝包钢丝。在预绞式耐张线夹设计时，应考虑在 $N-1$ 状态下的温升，并保证其高温握力。

2.1.4　案例收集情况

耐张线夹类的缺陷和故障主要体现在破断、引流板发热、锈蚀、冻涨和压接缺陷等方面，共剖析了 19 个案例。

2.2　破断

2.2.1　耐张线夹弯管处断裂

1. 案例简述

某 500kV 六分裂紧凑型输电线路中相 1 号子导线的 NY－400/50 耐张线夹（引流连板）弯管处断裂，致使耐张线夹与引流板完全分离，如图 2－12 所示。针对这一情况，对全线耐张塔逐一检查，又发现 7 处耐张线夹弯管处存在裂纹的情况。

2. 故障/缺陷原因分析

（1）耐张线夹设计不合理，弯管处断面减小，线夹引流连板的弯曲角度约为 90°，如图 2－13 所示，这种结构设计，会导致应力集中，外力作用下易造成从弯管处断裂的现象。

图 2－12　耐张线夹弯管处发生断裂

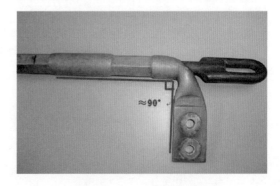

图 2－13　耐张线夹弯曲角度

（2）本案例中，TJ－2 型跳线间隔棒原本是起隔离引下线和延长拉杆的作用，但在实际使用中，TJ－2 型跳线间隔棒与延长拉杆、引下线、引流板之间形成刚性连接体，导致耐张线夹引流板弯管处受力过大，无缓冲余地，在导线振动作用下造成金属疲劳，其中耐张线夹弯管处为最薄弱环节，易产生细微裂纹，严重的将导致线夹铝管部分断裂。尤其易发生在中相跳线引流板处。

3. 故障/缺陷处理方法

（1）若无法停电，可采用等电位敷设并沟线夹或螺栓型 TL 型单导线引下线夹配引流线方式作为临时补救措施，保证线路的正常运行。

（2）若能停电检修处理的，可采用图 2-3 所示压缩型耐张线夹更换断裂或有裂纹的耐张线夹。

4. 防范措施/质量提升建议

（1）产品设计

对耐张线夹结构形式进行设计优化，对于微风振动较多的区域不建议采用传统的弯管式结构，而是采用与铝管焊接在一起的单板或双板引流板（顺线路方向），同时可以适当增加焊接引流板的宽度和厚度设计，以提高引流板处的强度。引流板建议采用铝合金型材，也可采用机械性能更好的 5 系或 6 系的铝合金材料，从材料和制造工艺上提高引流板的强度。

对 TJ-2 型跳线间隔棒进行设计优化，使用柔性调距间隔棒。它具有 TJ-2 型跳线间隔棒的基本功能，起到隔离引下线和延长拉杆的作用。提高引流板、引下线、跳线间隔棒和延长拉杆之间的刚度，减少微风振动和舞动对耐张线夹引流板的拉应力影响。

（2）工程设计

线路设计应考虑四分裂及以上以绕转过渡的中相跳线，可采用"Y"型双引流连板，各子导线耐张线夹引流连板对地角度的布置应设计校核并出施工图，引流板与大地角度尽可能小于 70°，相邻子导线上挂或固定时应成柔性结构以保持缓冲裕度。

（3）施工

对于该地区新建线路，应严格按照安装流程进行线夹安装；当发现中相跳线引流连板呈水平布置绕转过渡的，避免不当操作致使耐张线夹受力过紧，保持缓冲裕度。

2.2.2 耐张线夹引流板断裂

1. 案例简述

（1）案例 1：耐张线夹引流板开裂

某±500kV 直流输电线路工程在线路舞动特巡过程中，发现 4 基耐张塔存在 15 处耐张线夹引流板断裂，如图 2-14 所示，耐张线夹型号为 NY-720/50，其引流板为垂直单板结构形式。

图 2-14　耐张线夹引流板断裂

图 2-15　耐张线夹引流板变形、断裂

（2）案例 2：耐张线夹引流板变形、开裂

某单位对 500kV 输电线路检修过程中发现数条线路的部分耐张线夹引流板发生变形、开裂现象。图 2-15 为某 500kV 输电线路耐张线夹引流板变形、断裂情况。该缺陷均发生于垂直单板结构形式的耐张线夹，引流板的材质牌号为 1100。标称截面为 $630mm^2$、$720mm^2$、$800mm^2$ 的钢芯铝绞线均有发生，且多发于台州、温州等沿海多台风地区。

2. 故障/缺陷原因分析

（1）耐张线夹引流板采用垂直单板结构形式，如果运用在转角过大或导线振动较强地区，其耐张线夹引流板根部会产生应力集中，在长期疲劳状态下，易发生耐张线夹引流板根部断裂现象。

（2）案例 1 所处地区为舞动易发地区，导线舞动次数较多，线路设计时未考虑到导线舞动引发耐张塔的跳线上下跳动，长时间舞动造成耐张线夹引流板疲劳断裂，且该类耐张线夹引流板垂直于线路方向，更易发生断裂。

（3）案例 2 所涉及开裂耐张线夹引流板，还存在不同程度的缺陷，包括气孔、弧坑、焊缝裂纹等，同时存在材质及加工等缺陷。

3. 故障/缺陷处理方法

（1）将 TL 型设备线夹安装在原导线上，设备线夹焊接的引流线夹压接原跳线（或更换的新跳线），如图 2-16 所示。

（2）在停电检修情况下，对断裂或有裂纹的耐张线夹实施更换。

4. 防范措施/质量提升建议

（1）工程设计

对于该地区新建线路，应考虑输电线路特殊风振对金具的特殊要求，选用抗击风害能力裕度较大、多年运行业绩良好的产品。

（2）产品设计

图 2-16　采用 TL 型设备线夹
对断裂线夹进行替换处理

1）加大引流板处的宽度和厚度尺寸，或采用双板型引流板（顺线路方向），从而提高引流板处的强度。

2）引流板建议采用挤压型材或高强度铝合金材料，从制造工艺和材料上提高引流板的强度。

3）加大耐张线夹的监督检查力度，发现开裂缺陷现象应及时进行补强或更换。

2.2.3　耐张线夹不压区边缘断裂

1. 案例简述

某 220kV 架空输电线路导线发生耐张线夹铝管断裂，导致导线落地。将耐张线夹断裂的两侧部分对接在一起，如图 2-17（a）所示，断裂的位置位于不压区的边缘。由于不压区未经挤压，其结构形式保持原有管状，但断裂过程中发生了很大的塑性变形，断裂处有明显的缩颈现象，如图 2-17（b）所示。

（a）铝管断裂 　　　　　　　　　　　　　　（b）铝管缩颈明显

图 2-17　耐张线夹铝管断裂

2. 故障/缺陷原因分析

（1）图 2-18 所示为耐张线夹铝管断口截面照片，可以看出耐张线夹铝管断口整圈均为刀刃状、断口处铝管壁厚明显缩小，说明铝管断裂过程中温度较高。图 2-19 所示为钢芯断后的表面照片，可以看出钢丝被明显拉长，钢丝表面存在严重的氧化横纹，这是在高温条件下氧化皮破裂所致，说明钢丝是在红热状态氧化后发生了断裂。因此，分析认为耐张线夹铝管和钢芯均在高温下发生断裂。

图 2-18　铝管断口呈刀刃状　　　　　　　图 2-19　钢芯断头出现严重的氧化横纹

（2）对断裂的耐张线夹压接区进行观察，铝股与铝管间存在黑色的痕迹，如图 2-20 所示，而铝股与铝股间没有这种黑色印痕，这说明压接时外层铝股与铝管没有形成致密的压接，另外存在钢芯的排列不整齐。铝管剖开后铝股上存在黑色物质，如图 2-21（a）所示，黑色物质与其他部位铝股外表面的物质颜色和形态一致，可以认为是同一物质。图 2-21（b）为铝管内表面与铝股压接处照片，从图中可以看到表面的黑色物质沾满了内壁。从压接处铝管内壁和外层铝股之间存在黑色物质分析，当时压接前未将铝股外

图 2-20　导线压接区耐张线夹断面

表面氧化层清理干净。

　　由于黑色物质阻止电流从铝股传导到铝管压接部位，造成钢芯压接部位传导电流，钢芯产生的热在铝管空腔内积聚，钢丝受高温后强度会大幅下降，而后发生断裂；对应部位的铝管不能承受正常的全部导线拉力而先发生塑性伸长继而发生断裂。

（a）铝管压接位置内部铝股表面的黑色物质　　　　　　（b）剖开后铝管内壁

图 2 - 21　压接区剖开后情况

3. 故障/缺陷处理方法

对断裂的耐张线夹进行更换。

4. 防范措施/质量提升建议

（1）施工人员应严格按 DL/T 5285—2018《输变电工程架空导线（800mm^2 以下）及地线液压压接工艺规程》规定进行液压操作，在液压前除净绞线表面的氧化物，并涂抹合格导电脂。

（2）工程监理人员应严格按照 DL/T 5434—2012《电力建设工程监理规范》有关隐蔽工程实行见证取样和旁站监督职责，高空平衡挂线无法实施旁站监督时，监理单位应督促施工架设人员将导线放松至塔下，在地面压接耐张线夹，经检测合格后升空。然后紧挂线。

2.2.4　耐张线夹钢锚断裂

1. 案例简述

　　某 220kV 架空输电线路发现一处耐张线夹断裂，耐张线夹型号为 NY - 400/50，其断裂形式为耐张线夹钢锚断裂，断裂后耐张线夹铝管从钢锚压接区滑脱，导线整体掉落，导致线路断电和停运，如图 2 - 22 所示。

图 2 - 22　耐张线夹钢锚断裂

2. 故障/缺陷原因分析

（1）对耐张线夹中的钢锚进行检测发现材质性能不合格，强度低，达不到设计强度要求。

（2）该 220kV 线路长期在恶劣天气中运行，导线覆冰严重，如图 2-23 所示，覆冰后导线张力增大，耐张线夹在较大的拉力作用下断裂。

3. 故障/缺陷处理方法

对断裂的耐张线夹进行更换。

4. 防范措施/质量提升建议

（1）工程设计

对长期在恶劣天气中运行的线路增加安全备用线夹降低此类事故的发生概率。

（2）产品质量管控

产品在使用前必须进行产品质量检验，包括原材料的化学成分、抗拉强度和屈服强度，确保工程用产品的性能。

图 2-23 线路导线在恶劣天气中严重覆冰

2.2.5 楔型耐张线夹尾孔断裂

1. 案例简述

（1）案例 1

某 10kV 架空配电线路施工架线时，杆上紧线人员违规作业，直接将紧线工具手扳滑车金属钩挂在楔型耐张线夹的尾孔上，如图 2-24（a）所示。紧线过程中楔型耐张线夹尾孔拉断裂，如图 2-24（b）所示，盘形绝缘子串及楔形耐张线夹发生回弹，撞击打到紧线人员身上，造成紧线人员软组织挫伤。

（a）紧线器金属钩直接钩在楔形耐张线夹尾孔内　　　　（b）楔形耐张线夹尾孔拉断

图 2-24 楔型耐张线夹尾孔断裂

（2）案例 2

某 10kV 架空配电线路施工过程中，绝缘导线用楔型耐张线夹尾孔在现场安装过程中生断裂，致使架线施工过程中，导线落地，如图 2-25 所示。

（a）楔形耐张线夹　　　　　　　　　　（b）断裂的尾环

图 2-25　绝缘导线用楔型耐张线夹尾孔断裂

2. 故障/缺陷原因分析

（1）案例 1 和案例 2 都将楔型耐张线夹尾孔（拉耳环）当成紧线环用，尾孔存在的初衷是在制造过程中使用。

（2）目前国内相关标准中没有尾孔制造尺寸及公差配合尺寸要求，也没有机械强度拉伸试验参数值，相关试验项目也没有对尾孔的试验要求。但 GB/T 2317.1《电力金具试验方法第 1 部分：机械试验》7.2.1 试验布置图 7 "对施工安装挂点进行机械损伤试验典型布置图"容易被误读为施工架设紧线可以用楔型耐张线夹尾孔。

（3）案例 1 中工人直接将紧线器金属钩挂在楔形耐张线夹尾孔内，因紧线器金属钩直径粗大，金属钩无法灵活地活动，收紧导线过程中耐张线夹尾孔与紧线器未处在同一轴线上，牵引力加上振动，致使铝制楔形线夹的尾孔拉裂断。

3. 故障/缺陷处理方法

对断裂的耐张线夹进行更换。

4. 防范措施/质量提升建议

加强施工安全培训，在架线施工过程中，严禁将金属钩挂在耐张线夹尾孔中紧线。

正确的楔形耐张线夹的紧线挂线方式：紧线器应锚固在电杆上或横担上紧线，比量画印后在高空楔紧耐张线夹的楔块，锚固后拆除紧线器。

2.2.6　耐张线夹脱落

1. 案例简述

某 220kV 架空输电线路耐张线夹断裂，盘形玻璃绝缘子耐张串垂直悬挂在横担上，导线被跳线串拉住，导线未落地。耐张线夹破坏形式为钢芯断裂，铝管从钢锚侧滑脱，如图 2-26 所示。

2. 故障/缺陷原因分析

（1）耐张线夹钢锚和铝管内壁均未见滑动摩擦痕迹，且和未脱落的耐张线夹对比，压

接位置明显不同，表明耐张线夹钢锚的凹槽未压接
到，钢锚与铝管之间没有压为一体，导线张力全部
由钢芯—钢锚承担，如图 2－27 所示。

（2）导线投运后，由于钢锚与铝管之间的缝
隙，雨水渗入导致钢芯锈蚀，如图 2－28 所示，钢
芯强度下降导致在拉力作用下钢芯断裂。

故障的主要原因归结为耐张线夹压接施工质量
存在问题。

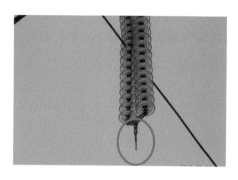

3. 故障/缺陷处理方法

对断裂耐张线夹进行更换。

图 2－26　耐张线夹断裂

（a）第一模压接距离耐张线夹管口70mm　　　　（b）压接处没棱角、成圆弧状

图 2－27　断裂耐张线夹第一模压接位置及压接质量

4. 防范措施/质量提升建议

（1）施工、监理

加强工程开工前安全技术交底，特别是针对关键部位进行施工工艺交底，要求施工单
位严格按照施工工艺规范作业，在试压接后送
监督检测部门做相关拉力试验，合格后采用此
模具和压接工艺。

监理人员应在施工过程中按规范要求进行
旁站监理。

（2）验收

在基建和技改过程中加强中间验收，检查
在架线施工前是否进行试压接握力试验并合格；
竣工验收时应检查压接隐蔽工作记录和监理记
录，对于重点耐张段如三跨等，竣工验收时可
采取 X 射线检测，检测耐张线夹内部压接位置

图 2－28　耐张线夹内钢锚、钢芯锈蚀

是否正确、是否压紧、是否有杂质等情况，确保耐张线夹零缺陷投运。

（3）运维

运维单位应针对已投运的线路结合停电检修对重点地段的耐张线夹进行 X 射线检测，及时发现存在的缺陷并消除，防止断线事故发生。

2.3　典型案例之引流板发热

1. 案例概述

（1）案例 1：耐张线夹引流板和引流线夹发热断裂

某 110kV 牵引站牵引 I 回的耐张线夹引流板发生发热变形，导致引流线从耐张线夹处掉落，耐张线夹型号为 NY-240/30，破坏形式为耐张线夹引流板下孔破坏、引流线夹第一个孔处断裂，如图 2-29 所示。

（a）引流板破坏　　　　　　　　　　　　（b）引流线夹断裂

图 2-29　耐张线夹引流板和引流线夹过热烧损

（2）案例 2：耐张线夹引流板和引流线夹发热

直升机巡视时发现某 500kV 输电线路耐张线夹引流板异常发热，温度最高点63.31℃，正常点 42.42℃，绝对温差 20.89℃，如图 2-30 所示。

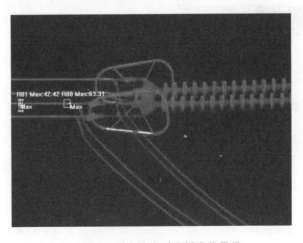

图 2-30　耐张线夹引流板发热异常

2. 故障/缺陷原因分析

案例 1 中耐张线夹引流板与引流线夹存在安装过程中未清理杂物的情况，如图 2-31 所示。杂物的存在会增大引流线夹和引流板的空隙，导致接触电阻增大，产生电弧，严重时造成引流线夹与引流板烧损。

图 2-31　故障线夹引流板上发现杂物

案例 2 发热原因最大概率为引流板安装的螺栓未按规定力矩紧固，导致引流板之间的螺栓松动，接触电阻增大，发生引流板过热现象。

3. 故障/缺陷处理方法

（1）案例 1 引流板断裂无法马上更换，可用 T 型线夹作为临时补救措施，保证线路正常运行；或者更换部分导线及耐张线夹，并确保导线更换后满足弛度及接续管对耐张线夹不小于 15m 的距离要求。

（2）线路停电，对同批次施工的耐张线夹大修，包括清除杂质和氧化层、涂电力脂、紧固引流板螺栓等。

4. 防范措施/质量提升建议

（1）施工人员应严格按照安装操作流程进行安装，确保引流板电气接触面间保持清洁，按规定的安装力矩紧固螺栓，减小引流板和引流线夹之间的接触电阻，避免线夹处因接触电阻增大—发热—电阻增大—损坏故障。

（2）在竣工验收时，验收人员应按相应规格的螺栓标准扭矩值核测，检查耐张线夹压接后的尺寸。

（3）在运维时应定期对耐张线夹进行温度测试。

2.4　典型案例之锈蚀

2.4.1　钢锚锈蚀

1. 案例描述

（1）案例 1：子导线钢锚锈蚀

某 500kV 架空输电线路停电检修时发现导线耐张线夹的钢锚锈蚀、耐张线夹引流板与引流线夹紧固螺栓以及与耐张线夹连接的 U 形挂环等零部件锈蚀严重，如图 2-32 所示。

（2）案例 2：耐张线夹钢锚锈蚀

某 110kV 架空线路进行线路清扫工作中发现 NY-240/30 耐张线夹存在锈蚀现象，以某

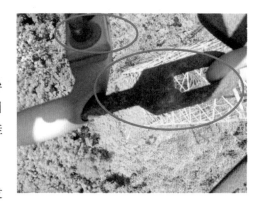

图 2-32　耐张线夹钢锚严重锈蚀

耐张塔小号侧耐张线夹钢锚为最严重，钢锚已全部锈蚀如图 2-33 所示，但与该处耐张线夹钢锚连接的 U 形环运行情况良好。

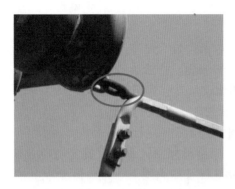

图 2-33　耐张线夹钢锚锈蚀

2. 故障/缺陷原因分析

（1）金具裸露在大气中，受环境污秽因素影响。线路跨越丘陵、山地、河流，钢制金具在空气湿度相对较大、空气污染严重地区，容易造成锈蚀。尤其是跨越公路、钢厂时，汽车尾气和炼钢厂排放废气中含有氮氧化合物、硫化物和重金属颗粒，氮氧化合物和硫化物会在空气中发生化学反应，生成硝酸、亚硝酸和硫酸等导致金具的腐蚀氧化；废气中的金属颗粒沉积在金具表面也可能发生原电池反应，加速金具腐蚀。

（2）线路运行时间长。如案例 1 中，该线路线建设于 20 世纪 80 年代，运行已有 30 余年，加之建设时制造业工艺水平不高，在长时间运行后受电腐蚀影响发生锈蚀。

（3）生产厂家未按照标准要求热镀锌。如在案例 2 中，发现问题后立即组织相关人员对产品质量进行追溯排查，确定原材料、锻造工艺及抗拉强度没有问题，但生产过程没有采用国家标准规定的热镀锌工艺，而使用罗巴鲁冷镀锌防锈工艺，在实施过程也没有严格执行罗巴鲁冷镀锌工艺，在防锈处理的最后一道工序上，发生封闭剂错用，导致产品防锈能力降低（备注：封闭剂的作用即是填充产品涂层上的微孔）。经过一段时间之后，微孔会吸收空气中的水分产生锈斑，但这种锈斑一旦产生，又会反过来填充微孔，起到防锈作用。

3. 故障/缺陷处理方法

对锈蚀严重的耐张线夹钢锚实施更换，并涂刷防腐漆，如图 2-34 所示。

图 2-34　作业人员更换锈蚀钢锚并涂防腐漆

4. 防范措施/质量提升建议

（1）产品制造

金具的防腐蚀处理应严格按照 DL/T 768.7—2012《电力金具制造质量 钢铁件热镀锌层》标准规定执行，保证金具有充分的耐腐蚀能力。

（2）施工

施工人员在安装前应对所用金具进行检查，排除缺陷金具。在污秽严重地区，施工过程中可以对耐张线夹钢锚涂覆防腐漆，提高金具的耐腐蚀能力。

（3）运维

根据不同的污秽等级，确定对应的巡检周期，建立相应的巡检制度或要求，并对金具的锈蚀状态进行评估，及时报废和更换锈蚀严重的金具产品。

2.4.2　耐张线夹出口钢芯锈蚀断裂

1. 案例简述

某±500kV架空输电线路巡检时发现耐张塔大号侧右上子导线耐张线夹断裂，如图2-35所示，导致导线靠跳线串悬挂，继发间隔棒破坏，致使子导线下垂，子导线对地距离不够，子导线对下方的树木发生放电，导致线路故障跳闸，如图2-36所示。

（a）钢芯腐蚀断裂　　　　　　　　　　（b）导线靠跳线串悬挂

图2-35　耐张线夹钢芯出口处断裂

2. 故障/缺陷原因分析

（1）外层铝管压接不顺直，如图2-37所示，可见在施工时压接操作不规范。

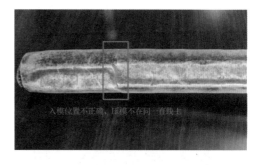

图2-36　脱落的子导线与下方　　　　图2-37　多模压接时入模位置不正确图
　　　　树木安全距离不足

（2）钢管表面镀锌层破坏、锈蚀严重、钢芯断裂，如图2-38所示，压接施工会对钢管表面产生损伤，若压接后未对钢管涂富锌漆做防锈处理，在长期运行过程中，水汽等进入铝管内部，致使钢芯逐步锈蚀，进而发生断裂如图2-39所示。导线的张力完全转由外层铝管承担，运行较长时间后且在大风等外部因素作用下，铝管发生断裂。

（3）缺乏对线路的有效监测手段，导致未及时发现线夹脱落故障。

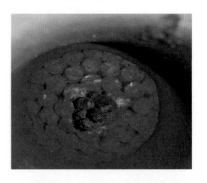

图 2-38　钢管压接后未涂富锌漆做防锈处理　　　　图 2-39　钢芯断口存在粉状异物

3. 故障/缺陷处理方法

对断裂耐张线夹进行更换。

4. 防范措施/质量提升建议

（1）产品制造

钢锚的耐腐蚀处理应采用国家标准热镀锌工艺，保证金具具有充分的耐腐蚀能力。

（2）施工

施工作业人员应严格按照压接工艺和操作流程进行安装，尤其是在铝管压接时应压接到位，避免产生与钢锚间的间隙。压接后对钢管压接部位进行涂覆富锌漆作防锈处理。

2.5　典型案例之铝管冻涨

1. 案例简述

（1）案例 1：大跨越耐张线夹铝管不压区出现开裂或鼓包现象。

在某±500kV 工程大跨越南岸锚塔，发现导线上扬侧的耐张线夹铝管不压区有裂纹或鼓包，继而展开大跨越区段耐张线夹检查，共发现 5 处耐张线夹铝管有开裂，未出现开裂的耐张线夹铝管则分别有不同程度的鼓包现象，如图 2-40 所示。

图 2-40　耐张线夹铝管不压区有开裂现象

（2）案例2：换位塔耐张线夹不压区出现开裂或鼓包现象。

某公司直升机巡航时发现多条线路换位塔倒挂绝缘子串，耐张线夹铝管不压区有鼓包和裂纹缺陷。在随后对所属500kV线路换位塔、大跨越锚塔和大高差耐张塔耐张线夹的专项排查中，发现有20基双回耐张换位塔，共计320个耐张线夹存在不同程度的鼓包现象，部分还伴有裂纹，如图2-41所示。

（a）换位塔耐张线夹铝管鼓包　　　　（b）耐张线夹铝管鼓包部分

图2-41　换位塔耐张线夹不压区鼓包

2. 故障/缺陷原因分析

导线经耐张线夹铝管压接后，钢芯并不变形，钢丝之间存在缝隙，形成渗水通道。耐张线夹钢锚端部有部分发现台阶状，且端部为铝管直接压接在钢锚上密实不渗水，耐张线夹钢锚侧端部密封。耐张线夹在较大仰角或倒挂状态下，雨水沿渗水通道慢慢渗入铝管不压区空腔内，经多次雨雪冰冻天气，耐张线夹空腔内积水，经冰冻累积效应导致鼓包和开裂。

3. 故障/缺陷处理方法

（1）在耐张线夹底部打直径不超过8mm的泄水孔，注电力脂。此方案为临时方案，用于正在停电检修期间即将恢复运行的线路。

（2）在停电检修情况下，把有裂纹和鼓包的耐张线夹更换为注脂型。

1）更换成新导线和注脂型耐张线夹，如图2-42所示。

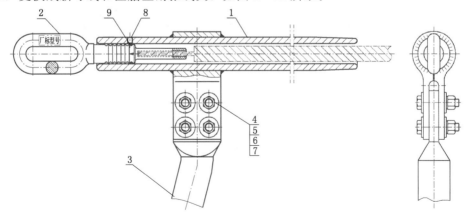

图2-42　注脂型耐张线夹

1—本体；2—钢锚；3—引流线夹；4—螺栓；5—弹簧垫片；6—垫圈；7—螺母；8—铝制螺栓封头；9—O形密封圈

2）不更换导线，只更换注脂型耐张线夹并加长下端金具串。

4. 防范措施/质量提升建议

（1）产品设计。在耐张线夹铝管不压区上设计注脂孔，导线施工锚固时，在铝管不压区填充电力脂，并用铝封头拧紧密封，避免雨水沿着渗水通道流入空腔。

（2）工程设计。在线路设计阶段，当存在耐张线夹大仰角或倒挂现象时，选用注脂式耐张线夹。

（3）运维。对倒挂的耐张线夹进行排查，建立台账，结合检修对其进行外径测量、外观检测及 X 射线检测，未采用注脂型耐张线夹的，应进行开孔排水处理。

2.6　典型案例之压接缺陷

2.6.1　漏压

1. 案例简述

某 500kV 架空输电线路导线耐张线夹，型号为 NY－500/35，X 射线检测发现跨越高速公路的耐张段导线耐张线夹内部存在钢芯断股现象，如图 2－43 所示，存在重大安全质量隐患。

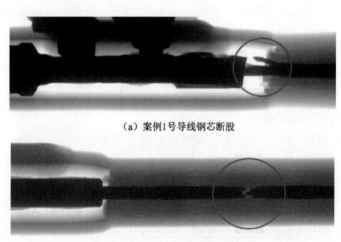

（a）案例1号导线钢芯断股

（b）案例2号导线钢芯断股

图 2－43　导线压接管钢芯断裂

2. 故障/缺陷原因分析

（1）产品设计及生产。经检测分析，导线和耐张线夹满足机械性能要求，因此产品设计及生产没有问题。

（2）施工。两案例导线钢芯断股的主要原因是钢锚上的凹槽未压接到位，不满足 DL/T 5285 压接工艺规程要求，导致铝股的承载能力无法通过铝管与凹槽处传递到钢锚，使铝管产生滑移，钢芯承受大部分导线载荷，致使钢芯断裂。

3. 故障/缺陷处理方法

对两处钢芯断股及断裂压接隐患，紧急采取更换耐张线夹及引流线措施，从而消除线路隐患，如图 2-44 所示。

4. 防范措施/质量提升建议

（1）对该地区的新建线路，施工时应强调严格按照 DL/T 5285 压接工艺规程对耐张线夹进行压接，确保耐张线夹钢锚和铝管压接到位。

（2）采用 X 射线检测方式对耐张线夹压接质量进行抽查。

图 2-44   耐张线夹压接隐患治理

2.6.2 钢锚压接后弯曲

1. 案例简述

（1）案例 1：耐张线夹钢锚处弯曲

某 500kV 架空输电线路在直升机巡视时发现导线耐张线夹钢锚处出现弯曲现象，如图 2-45 所示。当钢锚弯曲度超过相关要求时，会造成耐张线夹机械性能下降，易发生耐张线夹断裂，影响线路运行安全。

（2）案例 2：耐张线夹弯曲变形

对某 500kV 输电线路检修过程中发现 47 号杆塔上方两根子导线耐张线夹发生弯曲变形，66 号杆塔左相大号侧 3 号子导线耐张线夹亦发生弯曲变形，耐张线夹型号分别为 NY-400/35 和 NY-400/50，如图 2-46 所示。

图 2-45   耐张线夹钢锚弯曲

图 2-46   耐张线夹发生弯曲变形

2. 故障/缺陷原因分析

（1）施工现场，施工人员未按照 DL/T 5285 标准要求施工，造成钢锚弯曲。

（2）案例 1，线路施工架设多采用张力放线牵引方式，一般牵引长度 5~8km，每个耐张段均采用高空锚线开断，高空液压耐张钢锚和高空液压机具无法放置平整垂直，悬空液压耐张钢锚容易将钢锚压弯，如图 2-47 所示。

（3）案例 2，从外观可见，两个耐张线夹的钢锚弯曲部位为引流板安装处，弯曲方向朝下，均为引流线安装方向，如图 2-48 所示。铝管在弯曲处均出现不同程度拉裂，如图

图 2-47　耐张线夹压接现场

2-49 所示。上、下子导线在风力作用下产生不同步振荡，但 4 根跳线通过跳线间隔棒形成准刚性连接，上方两根子导线受跳线拉扯，当实际应力超过钢管抗弯强度时，发生屈服变形。

（4）案例 2，耐张线夹钢锚弯曲变形的另一个原因是刚度不够。这条线路运行时间很长，产品设计存在缺陷，其钢管为通孔式结构。

3. 故障/缺陷处理方法

及时更换弯曲严重或铝管在弯曲处有拉裂现象的耐张线夹。

4. 防范措施/质量提升建议

（1）产品设计

将案例 2 产品设计进行改进，将通心式钢管更换为钢管未压区为实心的钢锚。

图 2-48　耐张线夹弯曲方向

图 2-49　耐张线夹引流弯曲处铝管撕裂

（2）工程设计

设计院应优先选择压缩型耐张线夹结构如图 2-3（a）所示。

（3）施工

施工人员应严格按照 DL/T 5285—2018《输变电工程架空导线（800mm² 以下）及地线液压压接工艺规程》进行施工；验收时应严格执行 GB 50233—2014《110kV～750kV 架空输电线路施工及验收规范》，增大验收比例。架空地线耐张钢锚压接工艺规定若弯曲度超过 2% 及以上时，应进行调直处理。

（4）运维

对该地区线路同批次耐张线夹进行隐患排查，建立台账，增加巡检频次，并对耐张线夹的损伤程度进行评估，及时更换缺陷严重的耐张线夹。

2.6.3　耐张线夹压接后握力不合格

1. 案例描述

在某特高压直流线路工程压接施工技术培训期间，组织施工单位现场压接并对试件进行握力考核。参与考核的共有 18 家送变电公司（其中使用 JL1/G2A-1250/100-84/19 导线的有 12 家，使用 JL1/G3A－1250/70－76/7 导线的有 6 家），6 件 JL1/G3A－1250/70－76/7 导线压接样品的握力试验中有 4 件试件握力试验不合格，表 2－3 为具体握力试验数据。

表 2－3　　　　　　　　JL1/G3A－1250/70－76/7 大截面导线握力

序号	额定拉断力/kN	要求握着力/kN	试验结果/kN	试件状态	试验结论
1	294.23	265.54	265.69	未滑移、未断股	合格
2	294.23	265.54	221.35	接续管出口滑移 17mm	不合格
3	294.23	265.54	225.38	接续管出口滑移 21mm	不合格
4	294.23	265.54	198.39	接续管出口滑移 45mm	不合格
5	294.23	265.54	265.66	未滑移、未断股	合格
6	294.23	265.54	265.70	保压 10s，耐张线夹出口滑移 10mm	不合格

　　试验结果出来后，立即收集不合格样品，对 4 件不合格试件中 3 家单位的样品进行了横向切割，1 家单位的样品进行纵向线切割，如图 2－50 所示。

（a）#6 耐张线夹铝管

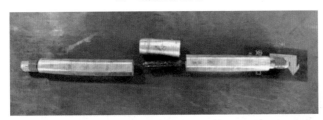

（b）#2 接续管

（c）#3 接续管

（d）#4 接续管

图 2－50　现场收集样品照片

从已经切割的样品断面观察，不合格现象均为钢芯断裂，导线断裂处单丝截面特征相似，且带有略微缩颈，铝管不压区位置有受较大拉力后的麻面特征，表示不压区位置承受过较大的拉力，产生了较大的变形，如图 2-51 所示。

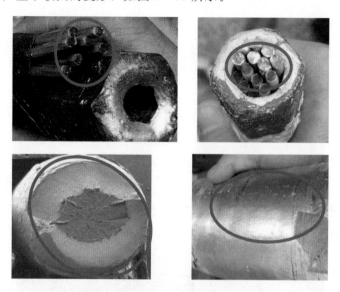

图 2-51　样品局部照片

2. 故障/缺陷原因分析

（1）对培训现场压接试件所用导线和金具进行了试验排查，产品性能合格。

（2）从试验曲线可以看出，4 件不合格的压接样品从 50％RTS 后到破断，发生了 47~55mm 的位移，可见在试件加载试验的过程中铝管产生了滑移，样品的破坏顺序为：铝管滑移造成钢芯承载加大，钢芯破断后的冲击造成铝管不压区的麻面产生，如图 2-52 所示。可以将握力不合格的直接原因归结为：铝管滑移造成钢芯断裂。

图 2-52　不合格试件破坏顺序图

（3）压接过程中没有严格执行工艺的保压要求。从培训现场可以观察施工单位的操作，当油路压力达到 80MPa 时立刻操作手柄换向卸荷，并没有按照规程要求执行保压 3~5s。另外从不合格样品纵向剖开观察也可以看出，滑移侧有两处位置有较大的间隙，如图 2-53 所示。

（a）滑移侧　　　　　　　　　　　　　　（b）未滑移侧

图 2-53　纵向线切割局部放大图

（4）使用不合格导电脂，放大滑移效果。将本次导线压接使用的两种导电脂委托两家检测机构分别检测摩擦系数。其中 A 检测机构采用四球法检测，B 检测机构采用往复摩擦法检测，试验结果见表 2-4 所示。

表 2-4　　　　　　　　　　导电脂摩擦系数试验结果

序号	试验单位	检测方法	A 公司	B 公司
1	A 检测机构	四球法	0.11	0.45
2	B 检测机构	往复摩擦法	0.027	0.082

从表中可以看到，采用不同方法检测得到的两种导电脂的摩擦系数差异均较大，其中 B 公司导电脂的摩擦系数约为 A 公司导电脂的 4 倍。结合导线压接握力试验结果可知，导电脂的摩擦系数会对导线压接握力产生一定的影响，摩擦系数大的导电脂更能有效地保证导线压接握力。

3. 防范措施/质量提升建议

（1）加强施工人员培训，严格按照规程要求控制保压时间。从各项检查结果可发现，压接工序中保压不足，致使铝管和铝股间没有足够的握力传递，是导致压接样品整体握力能力下降的主要原因。因此在施工过程中，现场操作人员应严格按照压机工艺规程进行操作，每一模都应在 80MPa 且保压 3s 以上，避免贪快赶工的情况发生。

（2）采用自动压接技术。自动压接机采用闭环控制器严格控制每一模的压力和保压时间，可有效避免人为操作对压接质量带来的影响，同时可降低操作人员的劳动强度，避免爆管对操作人员造成伤害的情况发生。

（3）正确采用摩擦系数良好的导电脂。工程采购的电力脂应用前，应要求供货商提供有效的型式试验报告，各项指标符合标准要求后才能进行工程应用。

2.7　典型案例之绝缘层滑移

1. 案例简述

某 0.4kV 架空配电线路现场发现绝缘耐张线夹出口处出现导线滑移和绝缘层破损现

象，如图 2-54 所示，导致架空绝缘导线对地距离变小，绝缘层破损处发生放电等现象，架空线路运行存在隐患。

图 2-54　架空绝缘电缆滑移破损

2. 故障/缺陷原因分析

（1）产品采购

该线路使用的 NXJG 系列绝缘耐张线夹适用导线为 10kV 及以下绝缘铝绞线（JK-LYJ），而且招标文件上也为此类导线，而实际现场使用的导线为绝缘钢芯铝绞线（JKLGYJ），如图 2-55 所示，同样导电截面时这类导线外径偏大，与线夹楔块外径不匹配，导致绝缘层局部夹持过紧而发生破损，进而产生滑移现象。

图 2-55　线路上实际使用的
绝缘钢芯铝绞线

（2）生产

对多个厂商的同种规格绝缘铝绞线进行了握力对比测试，发现导线绝缘层的好坏对产品握力影响也比较大。

（3）施工

现场施工安装人员在安装 NXJG 系列绝缘耐张线夹时，预紧时不到位，塑料楔芯安装不到位，均会导致绝缘层滑移。

3. 故障/缺陷处理方法

（1）用绝缘裹覆材料进行临时修补。

（2）逐步对该地区所有的滑移破皮线夹进行更换。

4. 防范措施/质量提升建议

（1）工程设计、产品采购

产品采购应与工程设计产品选型的导线型号和尺寸相匹配。

（2）产品验收

物资部门和施工单位应对产品的型号和规格进行核对。

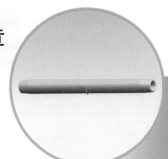

第3章

接 续 金 具

3.1 简介

3.1.1 定义及性能要求

接续金具用于架空电力线路的两根导线之间或地线之间的接续，承受导线及地线全部或部分张力的接续，承受导线电流传输的接续，也用于导线及地线断股的补修。接续金具按承受拉力状况可分为承力型和非承力型，按其安装方式可分为压缩型接续金具和非压缩型接续金具。

接续金具必须满足以下条件：

（1）承力型接续金具对导线或地线的握力应不小于被接续导线或地线额定拉断力的95%；非承力型接续金具对导线或地线的握力应不小于被接续导线额定拉断力的10%。

（2）压缩型接续金具与导线接续处两端点之间的电阻，不应大于同样长度导线的电阻，对非压缩型金具，应不大于同样长度导线电阻的1.1倍。

（3）接续金具与导线接续处的温升不应大于被接续导线的温升。

（4）接续金具的载流量不应小于被接续导线的载流量。

3.1.2 分类

根据安装方式不同，压缩型接续金具包括：钳压型接续金具、液压型接续金具和爆压型接续金具；非压缩型接续金具包括：螺栓型接续金具、预绞式接续金具、楔型线夹和穿刺线夹，见表3-1。

1. 钳压型接续金具

钳压型接续管为椭圆形铝管，钢芯铝绞线用的接续管内附有衬垫，如图3-1（a）所示。接续时将导线端头搭接在薄壁的椭圆形管内，以液压钳或机动钳进行钳压，钳压顺序如图3-1（b）和（c）所示，钳压时必须按 GB 50173—2014《电气装置安装工程　66kV及以下架空电力线路施工及验收规范》的规定进行，钳压顺序交错进行，钳压部位凹槽的深度必须符合规范要求，以保证接续管对导线的握力符合要求，钳压接续管只能接续中小截面的铝绞线、钢芯铝绞线、铜绞线。钳压接续管铝材的抗拉强度应不低于 80MPa，伸长率不低于 12%。

表 3 – 1　　　　　　　　　　　　　　　　接 续 金 具 分 类

序号	施工方法	接续金具类型	适 用 范 围
1	压缩型接续金具	钳压型接续金具	适用于 240mm² 及以下截面的铝绞线、钢芯铝绞线、铜绞线、地线，承受全部张力
1		液压型接续金具	适用于所有截面铝绞线、铝合金绞线、钢芯铝绞线、地线，承受全部张力
3		爆压型接续金具	已淘汰
4	非压缩型接续金具	螺栓型接续金具	适用于 240mm² 及以下截面的铝绞线、钢芯铝绞线、地线，不承受全部张力
5		预绞式接续金具	适用于地线，用于导线抢修时临时接续，承受全部张力
6		楔型线夹	适用于 240mm² 及以下的铝绞线、钢芯铝绞线、地线，需专用安装工具，不承受全部张力
7		穿刺线夹	适用于 240mm² 及以下架空绝缘电缆，无须剥线，便于安装，不承受全部张力

（a）钳压型接续管

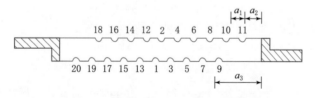

（b）LGJ-95/20钢芯铝绞线钳压型接续管压接顺序示意图

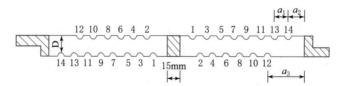

（c）LGJ-240/40钢芯铝绞线钳压型接续管顺接顺序示意图

图 3 – 1　钳压型接续管及压后示意图

2. 液压型接续金具

接续导线及地线时，用一定吨位的液压机和规定尺寸的钢质模具进行压接，接续管在受压后产生塑性变形，使接续管与导线成为一个整体。单一材质的普通绞线用于液压型接续金具时结构一般为圆形管（当绞线截面较大时，为保证接续金具的握力，液压型接续金具中增加与绞线同种材质的小型圆形管，分二次压接），材质一般有铝和铝合金，如图3-2所示。组合绞线（例如钢芯铝绞线、铝合金芯铝绞线等）用于液压接续金具时由铝管和钢管（或铝合金）组成，如图3-3所示。液压型接续金具安装质量是架空输电线路安全运行的关键因素，液压施工必须按 DL/T 5285—2018《输变电工程架空导线（800mm^2 以下）及地线液压压接工艺规程》的规定进行。

对于单一材质的普通绞线采用对接接续方法，如镀锌钢绞线、铝包钢绞线和中强度铝合金绞线等。

对于组合绞线的加强芯，分为对接与搭接两种接续方法。对于铝合金芯和19股以上的钢芯采用对接工艺；对于7股、19股钢芯采用搭接工艺，其优点是可以降低接续金具的长度。

液压型接续金具的铝管应采用纯度不低于99.5%的铝，抗拉强度不低于80MPa，伸长率不低于12%，硬度不应高于25HB，超过时应进行退火处理；现在由于铝合金材质绞线的发展，接续金具的铝管也可采用3A21铝合金管制造，强度不低于135MPa，伸长率不低于12%，硬度不高于35HB；钢管应选用含碳量不大于0.15%的优质钢，布氏硬度不应大于HB156。

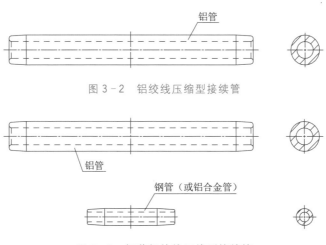

图3-2　铝绞线压缩型接续管

图3-3　钢芯铝绞线压缩型接续管

3. 螺栓型接续金具

螺栓型接续金具主要适用于架空电力线路的非承力接续和分支（连接引下线），还用于非直线杆塔的跳线接续。架空线路常用螺栓型接续金具包括并沟线夹、C形线夹等。这种接续形式的电气性能依靠螺栓压力来保证，因此螺栓的质量对电气性能影响较大，采用不锈钢螺栓易发热"锁死"，热镀锌螺栓易存在锌渣和锌瘤，导致螺栓与螺母之间摩擦阻力较大，锌镍合金螺栓与螺母的摩擦阻力较小使用效果较好，锌镍合金螺栓表面不是镀锌层，不能通过测镀锌层厚度来判定其防腐性能，应进行盐雾试验来检验其防腐性能。

（1）并沟线夹

1）铝绞线、钢芯铝绞线用铝并沟线夹。它适用于截面相同和截面不同的 16～240mm² 的铝绞线及钢芯铝绞线的接续，如图 3-4 所示；异径铝并沟线夹适用于不同截面的导线接续，如图 3-5 所示。铝并沟线夹产品由铝主体、压盖和紧固件组成，铝并沟线夹采用铝合金制造，铝合金材料的抗拉强度应不低于 160MPa。铝并沟线夹安装时应清除线槽的氧化膜及被接续导线表面的氧化膜，涂以导电脂，再用螺栓均匀地拧紧。

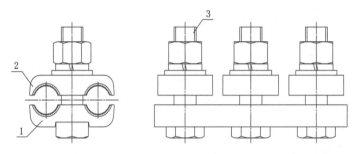

（a）对称式铝并沟线夹

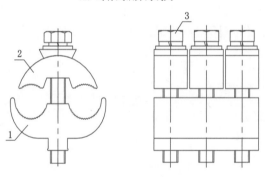

（b）非对称式铝并沟线夹

图 3-4　铝并沟线夹
1—铝主体；2—压盖；3—紧固件

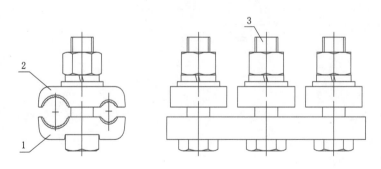

图 3-5　异径铝并沟线夹
1—铝主体；2—压盖；3—紧固件

并沟线夹是靠螺栓来紧固导线，金具的安装力矩对产品的性能影响较大，为保证并沟线夹的接续性能，力矩型并沟线夹施工方便，如图 3-6 所示，产品的安装螺母采用力矩螺母替代，安装时力矩螺母拧断即可，无须力矩扳手安装，产品的安装更加方便、可靠，力矩型并沟线夹目前也得到了一定的推广使用。

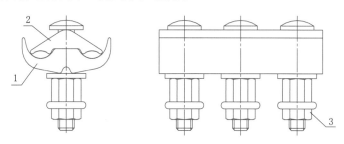

图 3-6　力矩型铝并沟线夹

1—铝主体；2—压盖；3—力矩螺母

2）钢绞线用钢并沟线夹。钢绞线用钢并沟线夹，用于架空避雷线在杆塔上连接跳线及接续引下线，也可用于拉线，作为辅助线夹，线夹的材质为铸铁件，如图 3-7 所示。

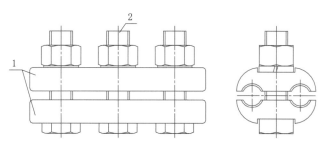

图 3-7　钢并沟线夹

1—主体；2—紧固件

（2）C 形线夹

C 形线夹适用于架空绝缘电缆、铝绞线、钢芯铝绞线的接续或导线的跳线接续。线夹采用铝合金制造，产品由 C 形元件、主块和支块组成，如图 3-8 所示。螺栓紧固时主块和支块将导线压紧并使 C 形元件产生弹性变形，始终保持线夹与导线间的持久恒定的接触压力，电气性能良好。产品安装时应根据导线类型及主线和支线大小确定线夹型号。

用螺栓紧固的各种线夹在安装时，均应采用扭矩扳手，按标准扭矩值紧固。4.6 级钢制热镀锌螺栓扭矩应符合表 3-2 的要求。

4. 楔 形 线 夹

楔形线夹适用于小截面的铝绞线或钢芯铝绞线的非承力连接或 T 接引下线的接续，产品由本体和楔子组成，如图

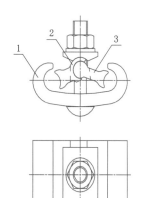

图 3-8　C 形线夹

1—C 形元件；2—主块；3—支块

3-9 所示，这种线夹在安装时，以专用工具将线夹楔子与导线压紧，接续处有较稳定的电气接触性能，产品采用铝合金制造。

表 3-2　　　　　　　　　　　　4.6 级钢制热镀锌螺栓扭矩

序号	螺栓规格	扭矩值/(N·m)	序号	螺栓规格	扭矩值/(N·m)
1	M6	4.0～5.0	4	M12	32.0～40.0
2	M8	9.0～11.0	5	M16	80.0～100.0
3	M10	18.0～22.0	6	M18	115.0～140.0

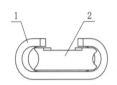

图 3-9　楔形线夹
1—本体；2—楔子

5. 预绞式接续金具

预绞式接续金具用于架空线路地线的断线接续、补强接续和破损修复等。导线用预绞式接续金具主要用于修复补强，此为临时措施，不推荐长期使用。地线用预绞式接续金具根据用途可分为普通接续条、增强型补修条、T 形接续条、跳线接续条、钢绞线（拉/地线）用接续条和铝包钢绞线用接续条等。

钢芯铝绞线用增强型补修条由内层钢芯接续条、填充条和外层接续条三层接续条组成，如图 3-10 所示。除钢芯铝绞线用增强型补修条外，其他预绞式接续条均为单层预绞丝结构，如图 3-11 所示。

导线用普通补修条、T 形接续条、跳线接续条、钢绞线（拉/地线）、铝包钢绞线用接续条、钢芯铝绞线用增强型补修条所用原材料如表 3-3 所示。

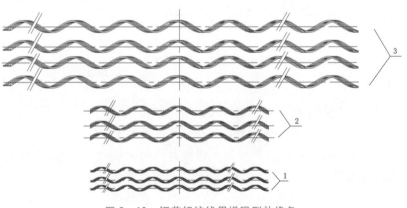

图 3-10　钢芯铝绞线用增强型补修条
1—接续条；2—补充条；3—外层接续条

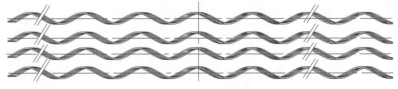

图 3-11　普通接续条

表 3 - 3　　　　　　　　　　　　　预绞式接续金具所用材质

序号	预绞式接续金具的类型	材　　质
1	导线用普通补修条	铝合金丝
2	T 形接续条	
3	跳线接续条	
4	钢绞线（接/地线）	镀锌钢丝
5	铝包钢绞线用接续条	铝包钢丝
6	钢芯铝绞线用增强型补修条	内层钢芯接续条采用镀锌钢丝，填充条和外层接续条采用铝合金丝

6. 穿刺线夹

穿刺线夹主要适用于 20kV 及以下架空绝缘电缆的接续和分支。安装时无须截断导线，无须剥去导线的绝缘层，可在导线任意位置作分支，具有安装简便、成本低廉、安全可靠、无需维护的特点。穿刺线夹主要由壳体、穿刺刀片、高强度螺栓和力矩螺母组成，如图 3 - 12 所示。当电缆需做分支或接续时，确定好主线分支位置后，用套筒扳手拧线夹上的力矩螺母，过程中穿刺刀片会刺穿电缆绝缘层，与导体接触，当力矩达到设定值时，螺母力矩机构脱落，主线和支线被接通。穿刺线夹防水性能和电气性能良好。

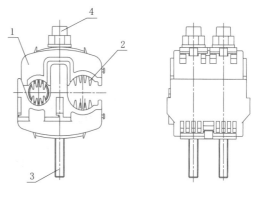

图 3 - 12　穿刺线夹
1—壳体；2—穿刺刀片；3—高强度螺栓；4—力矩螺母

3.1.3　案例收集情况

接续金具类缺陷和故障主要体现在破断、发热和弯曲等，共剖析了 9 个典型案例。

3.2　典型案例之破断

3.2.1　接续管出口处铝股断裂

1. 案例简述

某公司无人机飞行巡视时发现 220kV 架空输电线路导线接续管出口处导线断股 10 股，再次利用无人机巡视时，发现导线断股 27 股，该区域常年受季风影响，风力较大。该处缺陷断股截面积超过铝股截面积 25%，根据 DL/T 741—2019《架空输电线路运行规程》中的规定属于危急缺陷，需申请线路停电，进行切断重接压接。

2. 故障/缺陷原因分析

（1）观察导线整体断股情况，如图 3 - 13 所示，自右向左断股分为接续管根部、近根部（距根部 120mm）、远根部（距根部约 250mm）三部分。接续管根部断股情况最严重，

图 3-13　导线接续管根部及稍远处断股情况

远根部、近根部位置稍轻些。从导线断股位置看，外层断股离根部距离 40mm，内层断股紧挨根部。

观察根部断股可以发现，如图 3-14 所示，断口断面较齐整，剪切面占比较少，没有颈缩现象，说明导线在接续管根部发生了疲劳断股。根据断口的颜色判断，大部分断口表面已被厚厚的黑色氧化物覆盖，为陈旧性断口，但少部分有金属光泽，即近期断裂的断口。

根据断口存在的位置看，主要存在于接续管的端部，该部位存在应力集中现象，易发生疲劳破坏。

（a）大部分断口为陈旧断口　　（b）少部分断口有金属光泽

图 3-14　接续管根部断口

（2）观察远根部、近根部位置断口，如图 3-15 所示，发现断口处均存在机械损伤缺陷，即远根部、近根部是形成断裂缺陷的初始位置。导线明显受到外力损伤，可能存在微裂纹，因而降低了导线的抗疲劳能力。

（3）导线表面未见放电痕迹，说明断股是由非电弧烧伤所致。导线表面黑色氧化物均匀，没有明显的粉化破碎现象，根部除正常的氧化物外没有异常的腐蚀介质残留，不属应力腐蚀所致。

由于导线明显受到外力损伤，可能存在微裂纹，导线处在经常出现微风振动的环境，易造成微裂纹扩展。断口分布及断口形貌符合疲劳断口的特征，因此得出结论：该部位断股的原因为在风力作用下的疲劳断裂。

图 3-15　远根部和近根部断口
均存在机械损伤

3. 故障/缺陷处理方法

对断股导线进行重新接续。

4. 防范措施及质量提升建议

（1）对沿海大风区段接续管位置进行重点巡查，发现断股应及时更换处理。

（2）沿海大风地区新建线路避免采用接续管。

（3）对接续管压接质量进行跟踪抽查，保证安装质量，避免损伤导线。

（4）对沿海大风区域线路进行设计优化，根据档距和塔高情况考虑加装防振装置。

3.2.2　爆压接续管出口处导线断线

1. 案例简述

某 220kV 输电线路导线断线，如图 3－16 所示，断线位置位于 #6～#7 杆之间，距离 #6 杆接续管出口处约 30cm。该线路于 1998 年投运，导线型号为钢芯铝绞线 LGJ－400/50（GB 1179—1983《铝绞线及钢芯铝绞线》），断线位置接续管采用爆压工艺制作。

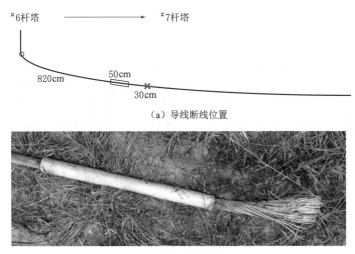

（a）导线断线位置

（b）爆压接续管外观

图 3－16　断线位置和故障爆压管外观

2. 故障/缺陷原因分析

（1）现场检查确认断线导线表面光洁，外观良好，钢芯和铝股均无明显锈蚀、表面擦伤或磨损等问题。在断线位置附近取导线样品进行力学性能试验，试验结果表明导线性能均满足相关标准要求，无制造质量问题。

（2）宏观断口检查发现断线导线钢芯发生了较为明显颈缩变形，而室温下钢芯正常拉伸断口颈缩变形量较小。扫描电镜断口分析确认钢芯断口表面覆盖了一层致密氧化物，表明钢芯断裂应该是在较高的温度下发生，如图 3－17 所示。断线导线铝股断口均为正常颈缩断口。钢芯和铝股断口均无明显周期性疲劳条纹。

（3）使用回路电阻测试仪测量接续管和相同长度（50cm）同型号导线的直流电阻，结果如图 3－18 所示。爆压接续管直流电阻为 544.4$\mu\Omega$，导线直流电阻为 39.5$\mu\Omega$，断线位置爆压接续管直流电阻为相同长度导线直流电阻的 13.8 倍，明显超出标准允许值，在运行中可能引起接续管位置的过热问题。

（4）断线位置爆压接续管解体情况如图 3－19 所示，导线外层铝股和接续管内表面氧化发黄严重，与直接暴露在大气中长时间运行的导线表面颜色明显不一致，且解体过程可见有少量灰色氧化物从接续管中脱落。此外，如图 3－19 圆圈标示位置所示，导线最内层

图 3-17   钢芯断口扫描电镜照片

（a）爆压接续管直流电阻   （b）导线直流电阻

图 3-18   直流电阻测量情况

铝股在压入接续管内部钢管位置有明显熔融碳化发黑痕迹。

图 3-19   爆压接续管解体检查情况

（5）由于爆压型接续管工艺控制要求较高，在接续管与导线局部压接不紧密的情况下，潮气、腐蚀性气氛可能从接续管端部渗入并且很难排出，接续管内部接触面的氧化和腐蚀将直接导致接触电阻的增加，并随着运行年限的增长逐渐严重。此外，相对于液压压接规程，爆压工艺规定将最内层铝股台阶插入钢管，防止爆压过程钢芯烧伤，但故障爆压接续管解体发现台阶位置铝股仍然存在熔融发黑问题，这也可能导致接触电阻进一步增大和接续管内部钢芯的持续通流发热。

综上所述，线路运行接近 20 年后，爆压型接续管位置直流电阻增大导致发热和可能的工艺不良是造成本次爆压接续管出口位置导线断线的主要原因。此外，故障时段该线路负荷较大、气温降低导致导线运行应力增大等因素进一步加速了断线事件的发生。

3. 故障/缺陷处理方法

（1）将断线位置接续管割断后，使用液压接续管对断线导线进行接续，恢复线路运行。

（2）安排运维人员对该线路的接续管、耐张线夹、引流板等位置进行精确红外测温，对存在发热故障的节点位置分析原因后安排检修人员登杆进行处理。

4. 防范措施及质量提升建议

（1）由于早期爆压式接续管运行年限接近 20 年后容易出现发热、断线等风险。建议结合电网基建、大修技改工程采用整体换线的方式逐步进行更换，对于短期无法更换的包含爆压管输电线路，应根据红外测温情况和线路重要程度结合停电采取补强、分流等措施。

（2）在输电线路高温大负荷期间应及时开展红外测温，重点检测接续管、并沟线夹等金具的发热情况，发现缺陷及时处理。

3.2.3　对接结构铜铝过渡接续金具断裂

1. 案例简述

（1）某 10kV 架空配电线路检修时，发现铜铝过渡线夹断裂，其断裂形式为铜铝过渡线夹的铜铝焊接处发生断裂。该线夹一端与设备相连，另一端通过导线与另一设备相连，在导线的刚性制约下，设备线夹根部存在应力集中现象，受长期冷热交变和振动等影响下，发生断裂，如图 3-20 所示。

（a）现场照片　　　　　　　（b）故障金具

图 3-20　铜铝过渡接续金具断裂

（2）某 10kV 架空配电线路铜铝接线端子运行过程中出现断裂现象，如图 3-21 所示。铜铝接线端子型号为 DTL-70，断裂部位为铜铝焊接处，部分断裂处呈现灼蚀现象。

2. 故障/缺陷原因分析

（1）金具铜电气接触面与电气设备端子板在安装时，相互搭接面积小，导致接点电阻过高。

（2）金具是铜铝材质，其熔点不同，当金具发热后，经热胀冷缩，导致金具的焊接面出现损伤，焊接强度下降。

（3）由于热胀冷缩的原因，螺栓紧固件逐渐失去作用，出现松动；遇恶劣天气时加速紧固螺栓的松动，导致发热更加严重，如遇雨水冷却则造成焊接质量加速退化，焊接截面

（a）断裂铜铝接续端子位置

（b）断裂后的铜铝接线端子

图 3-21   铜铝接线端子出现断裂

承受剪切力，继而断裂。

因此，对接（摩擦焊接工艺）结构的铜铝金具，接点出现电阻大，温升高，易出现断裂现象。

3. 故障/缺陷处理方法

对断裂金具产品进行更换。

4. 防范措施及质量提升建议

（1）对于新建工程，采用搭接结构工艺铜铝过渡接续金具。

（2）对于既有工程，停电检修时，更换为搭接结构工艺铜铝过渡接续金具。

（3）加大线夹与电气设备端搭接面积，建议需搭接接触面积达到铜板总面积的 60%以上，避免出现接触电阻过高的现象。

（4）定期维护，防止因螺栓松动出现电阻过大，温升过高。

（5）对线夹安装后的进出支线进行固定，避免引起振动，导致安装螺栓松动。

3.3   典型案例之发热

3.3.1   预绞式接续条发热导致熔断

1. 案例简述

某 110kV 架空线路耐张跳线在不同时间点三次发生断裂，耐张跳线采用的预绞式接续条发热熔断，如图 3-22 所示。该线路负荷较重，常年输送额定负荷的 80%，在以往线路运行过程中曾多次烧断跳线，如图 3-23 所示。

2. 故障/缺陷原因分析

（1）产品设计

图 3-22   110kV 架空线路跳线熔断

预绞式跳线接续条材料为铝合金丝，导电率为53%IACS，低于对应导线导电率，加上高压交流电呈集肤效应现象，易使接续条发热。在设计方面需要充分考虑到预绞式金具材质的导电率与导线导电率的差异，应留有一定的设计裕度，按照 DL/T 758—2009《接续金具》对非压缩型接续金具的要求，电阻应不大于同样长度导线电阻的 1.1 倍。从产品设计上保证预绞式接续条的电气性能，可避免导线过载运行造成线夹的永久性损伤。

图 3-23　跳线（对接预绞式
接续条）熔断

（2）试验检测

该预绞式接续条未按相关标准进行电气性能试验。DL/T 763—2013《架空线路用预绞式金具技术条件》中明确要求承载电流的金具需要进行热循环测试，并且在热循环测试前、后要进行电阻检测。预绞式接续条必须满足相关机械性能及电气性能指标。

（3）工程设计

预绞式跳线接续条的长度通常都比并沟线夹长很多，而且占用的安装距离也要大很多，在工程设计时，如果留给跳线接续条的安装长度过短，将会导致接触面积不足而造成温度及电阻升高。因此，对于有些跳线较短的线路，应该采用其他跳线接续方式，避免上述情况发生。

3. 故障/缺陷处理方法

线路停电并将跳线断裂处的预绞式接续金具更换为液压型或螺栓型跳线接续金具，清洗干净跳线电气接触面，并在其电气接触面涂刷导电脂后安装接续金具，如是螺栓型需按相应规格将螺栓扭矩拧紧。

4. 防范措施及质量提升建议

（1）产品选型

在新建线路中使用液压型接续金具或铝制并沟线夹。

（2）试验检测

加强对产品的检测，包括机械性能试验和电气性能试验等，在批量供货时还要进行抽样试验，确保产品各项性能满足标准要求。

（3）施工

接续金具电气接触面应清洗干净并涂上导电脂，然后再进行安装，如果是螺栓型则需按相应螺栓规格要求的扭矩值用扭矩扳手紧固，也可使用铝制并沟线夹按相应规格螺栓的标准扭矩值采用扭矩扳手紧固。

3.3.2　导线用预绞式接续条接续导致发热掉线

1. 案例简述

某 500kV 架空输电线路跳闸，故障巡查中发现某子导线断线落地，查看后发现该子

图 3 - 24　LGJ - 400/35 损伤
导线修补后钢芯熔断掉线
（第一起事故）

导线因为损伤，继而采用所谓的"全张力"预绞式接续条修补后熔断掉落，如图 3 - 24 所示。

导线型号为 LGJ - 400/35。半年前该导线损伤断 6 股铝股，运行单位抢修时套用 DL/T 1069—2016《架空输电线路导地线补修导则》6.2.5 条修补方式：割断该导线的全部 48 股铝股，缠绕上钢芯接续条，未敷填充条（若敷填充条后与导线表面不平整），最后缠绕上外层接续条。

图 3 - 25 和图 3 - 26 分别为另外两起预绞式接续条修补损伤导线后熔断掉线的照片，未见填充条，7 股钢芯和外层铝合金股断裂。整组预绞式全张力接续条结构形式见图 3 - 27。

2. 故障/缺陷原因分析

（1）事故原因

导线损伤断股 6 股，尚在补修范围内，施工单位盲目按"全张力接续条"补修处理程序，割断全部铝股后缠绕上钢芯接续条和导线外层条的补修方式，所使用的全张力接续条金刚砂层电阻非常大，使绝大部分负荷电流只能通过钢芯，在线路 N - 1 工况下，负荷电流致使钢芯发热，并加热全张力接续条，机械强度降低并且逐步塑性拉细，直到断裂，掉线。

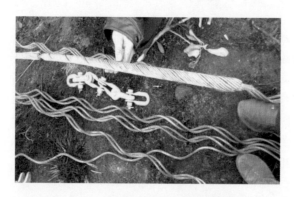

图 3 - 25　导线熔断掉线（第二起事故）

图 3 - 26　预绞式接续条修补损伤导线后熔断掉线（第三起事故）

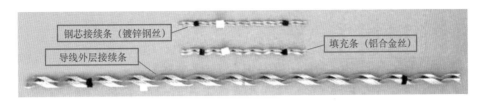

图 3-27　整组预绞式接续条

（2）工程设计

常规的预绞式导线补修条几乎没有修补和补强导线功能，仅作为在绞线强度损失不超过导线总拉断力的 5％和导电截面损失不超过 7％时使用；现行预绞式补修条长度增加其节距在 5 个以上，采用长预绞式补修条修补导线有修复补强功能；预绞式接续条使用在架空地线上或 OPGW 光缆上，效果好。使用在导线强度损失总拉断力的 17％以上或导电截面积 25％以上时，可作为接续金具临时抢修用，不能带电长期运行使用。

（3）产品设计

预绞式接续条应使用在架空地线或 OPGW 光缆修补，现行的预绞式补修条有一定的导线补强功能，可正确称呼为"增强型预绞式导线补修条"。

（4）试验检测

预绞式导线补修条属于新产品，要在导线强度损失相对于总拉断力 7％及以上或导电截面积超过 25％及以上扩大使用，应按 GB/T 2317.3—2008《电力金具试验方法　第 3 部分：热循环试验》规定在设计张力和额定电流下进行热循环试验，原因是其他接续金具多数是液压型或导线通过螺栓型金具连接固定，而预绞式属包裹缠绕靠摩擦握紧导线输送电流。此类产品未开展预绞式外层条在导线设计张力下输送额定电流所需做的热循环试验验证。

（5）补修原则

钢芯铝绞线有不同钢比的各种规格 51 种，不同的钢比在损伤同样的铝截面时，导线综合破断力的损失百分比是不同的，DL/T 741—2019《架空输电线运行规程》规定在导线强度损失扩大至 50％以上、铝截面损伤 60％以上仍可采用"全张力"预绞式接续条补修导线，但标准修订组未提供损伤程度增大后的机械拉伸试验验证报告和长期运行效果数据。

（6）运维

补修后，运行中导线受力与外层接续条初始不同步，在缺少填充条或填充条与导线有空隙的情况下，损伤段导线铝截面是断开的，造成负荷电流从外层接续条传导，外层接续条温度一定会高于正常状态才会发生熔断。运行单位未及时进行温度检测，发现补修处温度异常。

3. 故障/缺陷处理方法

对于钢芯铝绞线损伤应同时计算强度损失和导电铝截面积损失，两者任一条件不满足均应按 GB 50233—2014《110kV～750kV 架空输电线路施工及验收规范》中有关修复规定执行重新采用液压式接续管进行修补。若强度损失或导电截面积损伤超过标准规定的数值不多时可采用预绞式增强型补修条进行抢修，能否允许超标的增强型修补条长期运行应经本单位总工程师批准。

4. 防范措施及质量提升建议

（1）试验检测

由于预绞式接续条即补修条的材质与其他接续金具不同，应按 GB/T 2317.3—2014《电力金具试验方法　第3部分：热循环试验》对导线预绞式补修条做运行张力、额定电流下的热循环试验验证并出具架空导线用预绞式增强型补修条型式试验报告。

（2）补修原则

建议开展按 DL/T 1069—2016《架空输电线路导地线补修导则》中对导线强度损失超过总拉断力7％或铝截面损伤超过25％及以上用预绞式接续条补修的电气和机械强度试验验证。

按架空线路运行工况以及导线带张力下的热循环试验验证，使导线预绞式修补条符合实际运行工况。

3.3.3　接续管发热

1. 案例简述

某 500kV 架空输电线路在对接续管进行红外测温时，发现接续管温度异常，有发热现象，存在安全隐患，将接续金具更换。

2. 故障/缺陷原因分析

将发热接续管拆下，接续管外观整体良好，无明显变形，铝管和导线表面均氧化变黑，如图 3-28 所示。将接续管端头切下，断面上铝股与铝管间无明显分界，将铝管剖开后发现钢芯铝绞线最外层铝股上存在黑色物质，钢芯铝绞线内部则较为干净，没有黑色物质，铝管内壁存在黑色物质，如图 3-29 所示。钢芯铝绞线最外层铝股上的黑色物质与铝管内壁的黑色物质可能是铝的氧化物和导电脂的碳化物，该黑色物质的存在降低了导线和接续管间的导电能力，还会吸附水分等腐蚀介质对铝层接合面形成腐蚀进一步影响导电能力。

图 3-28　发热接续管

对压接处铝管内壁和外层铝丝的黑色物质进行分析，在压接时，导线表面清理不彻底，导致压接时外层铝线与铝管没有形成致密的压接，影响铝股的导电性，致使电阻增大，导致铝管发热。

由于断面上铝股与铝管间无明显分界，应是切割加工过程中，由于温度较高，铝股变

（a）铝股单丝　　　　　　　　　　　　（b）铝管内壁

图 3-29　接续管剖开图

软从而填满微小的间隙，导致宏观上看不到分界，实际上，剖开铝套管，能发现外层铝股与铝套管之间存在较多黑色物质，影响铝股与铝管的过流效果。

综上所述，接续管发热的主要原因是压线时旧导线表面清理不彻底，线夹中存在旧导线上的杂物影响了铝股与铝管的结合，阻碍电流的传导，致使电阻增大，铝管发热。

3. 故障/缺陷处理方法

对发现过热缺陷的接续管进行更换。

4. 防范措施及质量提升建议

（1）对同批施工的接续管进行普查，避免施工工艺造成大批量缺陷。对其他批次施工的接续管进行抽查，发现类似缺陷时，进行同批普查。

（2）对施工作业人员进行压接工艺操作培训，并要求施工作业人员严格按照 DL/T 5285—2018《输变电工程架空导线（800mm² 及以下）及地线液压压接工艺规程》进行导线清洁、防氧化及压接操作。

3.3.4　跳线在并沟线夹处发热熔断

1. 案例简述

某 110kV 线路在故障巡视时发现耐张杆跳线在并沟线夹处发热熔断。跳线断线位置和断线点外观如图 3-30 所示。该线路于 2005 年投运，导线/跳线型号均为 LGJ-185/30，耐张杆处跳线采用并沟线夹接续，型号为 JB-4。

2. 故障/缺陷原因分析

（1）发生故障的跳线并沟线夹外观如图 3-31（a）所示，跳线在距并沟线夹出口约 100mm 处断裂，断口附近跳线外层铝股全部熔断，在钢芯表面覆盖有铝股熔化后的银白色残留物，并沟线夹出口处盖板也可见明显熔化痕迹。并沟线夹反面外观如图 3-31（b）所示，线夹内部铝股熔化形成的铝液重新凝固后在并沟线夹各处分布。并沟线夹紧固螺栓垫片锈蚀发黄，弹簧垫片锈蚀严重已基本失去回弹能力，紧固螺栓徒手即可拧开。并沟线夹内部情况如图 3-31（c）所示，并沟线夹与跳线接触的内表面氧化发黑严重，跳线外层铝股在三处盖板夹紧位置熔融痕迹明显，特别是在靠近断口附近的第 1 个盖板位置，外层铝股已经全部熔化，裸露的内层钢芯镀锌层表面发热灼烧的痕迹十分明显。分析可知，

（a）熔断的跳线位置　　　　　　　　　　　（b）熔断点的端部

图 3－30　跳线熔断现场图片

并沟线夹发热严重，外层铝股发生熔断，通流面积减少，形成恶性循环，引起跳线在并沟线夹出口附近的过热熔断和并沟线夹出口处盖板的烧损。

（a）并沟线夹正面外观　　　　　　　　　　（b）并沟线夹反面外观

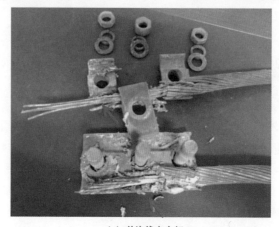

（c）并沟线夹内部

图 3－31　故障跳线并沟线夹外观

（2）并沟线夹使用螺栓紧固，现场安装方便，多用于中小截面钢芯铝绞线在不承受张力位置或耐张塔跳线的接续，但并沟线夹（多为铝合金制造）长时间现场运行后由于接触面氧化和紧固螺栓紧固力下降等原因，易导致线夹与导线接触电阻增大，引起线夹位置在大负荷情况下发生过热的问题。

（3）通过调阅运行记录，该线路故障时段电流为197A，而该线路过去1年的最大运行电流均小于150A，可见冬季的线路负荷增长加剧了接触电阻增大问题。

3. 故障/缺陷处理方法

将该线路同批次并沟线夹更换为液压式接续金具，对公司范围内所有使用并沟线夹接续的跳线安排一次红外测温，对存在温度异常的并沟线夹安排检修人员登杆进行处理。

4. 防范措施及质量提升建议

（1）工程设计

在新建/改造线路工程中，设计院应尽量避免选择并沟线夹用于跳线接续。

（2）运维

由于螺栓型并沟线夹接续的电气性能依靠螺栓紧固力来保证，应严格按照DL/T 741—2019《架空输电线路运行规程》规定检测周期对并沟线夹螺栓的拧紧力矩值进行检测，对外观难以看到的隐蔽部位，应打开螺栓和垫圈进行检查或用仪器进行检测。

按照相关反措要求，在输电线路高温大负荷期间应及时开展红外测温，重点检测接续管、耐张线夹、引流板、并沟线夹等金具的发热情况，发现缺陷及时处理。

3.4　典型案例之弯曲

1. 案例简述

某500kV架空输电线路施工后验收过程中发现，导线接续管存在弯曲现象，如图3-32所示，导线接续管整体呈弧线弯曲。

图3-32　导线接续管在过转角耐张塔放线滑车时被牵引压弯

2. 故障/缺陷原因分析

（1）若是由于压接施工造成的接续管弯曲达到这个程度，那么接续管之外无法加装接续管保护装置，不加装接续管保护装置就开展放线施工的可能性不大。

（2）高压输电线路施工架设一般采用张力放线，放线区段长度 6～8km，单个交货盘的导线长度一般是 2.5km，两盘导线之间的连接采用接续管。在放线之前，接续管之外应加装保护器，若接续管保护装置刚度不够，易在放线过滑车时产生弯曲。

（3）导线由牵引绳牵引架设，接续管在地面液压连接后，需通过数基塔的放线滑车，特别是通过耐张转角塔时，导线接续管需通过带转角的放线滑车，若是包络角过大、滑车悬挂姿态不佳，易造成接续管保护装置（内有导线接续管）弯曲变形，如图 3-33 所示。

图 3-33　导线接续管过放线滑车易使接续管弯曲

3. 故障/缺陷处理方法

（1）GB 50233—2014《110kV～750kV 架空输电线路施工及验收规范》中要求压接管弯曲度不得大于 2%。超标的接续管进行开断，重新压接。

（2）采用无损探伤的方式对弯曲的接续管进行检查，如果发现铝单线或钢芯受损，应进行开断，重新压接。

（3）对于不需要断开重新压接的接续管，建议运行单位定期检查。

4. 防范措施及质量提升建议

（1）机具设计

接续管保护装置应按 DL/T 1192—2012《架空输电线路接续管保护装置》的要求进行设计和型式试验，试验合格方能投入工程施工。

（2）施工

张力放线过程中，在过转角耐张塔时，当转角过大时应采取双滑车等措施确保接续管保护装置（内有导线接续管）过转角放线滑车时不被转角合力拉压弯曲。

第4章

悬 垂 线 夹

4.1 简介

4.1.1 定义及性能要求

悬垂线夹主要用于架空电力线路或变电所，通过连接金具将导线固定在悬垂型杆塔的悬垂绝缘子串上，或将地线悬挂在悬垂型杆塔的线支架上，也可用于换位杆塔上支持换位导线以及非直线杆塔跳线的固定。在正常运行条件下，悬垂线夹主要承受垂直荷重，不承受导线、地线张力。通常与连接金具（挂板、挂环等）一起使用，将导线、地线与绝缘子串连接在一起共同悬挂在杆塔上。

悬垂线夹应满足以下技术条件：

（1）悬垂线夹应考虑裸线或包缠护线条等多种使用条件。

（2）船式悬垂线夹，其船体线槽的曲率半径应不小于对应导线直径的8倍。

（3）悬垂线夹应具有一个能允许船体回转的水平轴。

（4）悬垂线夹应明确使用的限定范围，如最大出口角、最小出口角和允许回转角等。悬垂线夹的最大出口角不宜小于25°。

（5）悬垂线夹的设计应减少微风振动对导线产生的影响，并应避免对导线产生应力集中或损伤。悬垂线夹的设计还应考虑在导线水平不平衡张力作用下，减少船体回转轴的磨损。

（6）固定悬垂线夹对导线的握力，与导线计算拉断力之比应不小于表4-1的规定。

表 4 - 1　　　　　　　　　　悬垂线夹握力与导线计算拉断力百分比

绞线类型	铝钢截面比 α	百分比/%
钢绞线、铝包钢绞线、钢芯铝包钢绞线	—	14
钢芯铝绞线	$\alpha \leqslant 2.3$	14
钢芯铝合金绞线	$2.3 < \alpha \leqslant 3.9$	16
铝包钢芯铝绞线	$3.9 < \alpha \leqslant 4.9$	18
钢芯耐热铝合金绞线	$4.9 < \alpha \leqslant 6.9$	20
铝包钢芯铝合金绞线	$6.9 < \alpha \leqslant 11.0$	22
铝包钢芯耐热铝合金绞线	$\alpha > 11.0$	24
铝绞线、铝合金绞线、铝合金芯铝绞线	—	24

（7）悬垂线夹与被安装的导线间应有充分的接触面，以减少由故障电流引起的损伤。

（8）为了降低磁滞和涡流损失，导线用悬垂线夹尽量选用铝合金节能材料。

4.1.2　常见悬垂线夹形式

（1）根据悬垂线夹的船体回转轴中心与导线中心轴线之间的相对位置关系，悬垂线夹的结构可划分为：中心回转式、提包式（下垂式）、上扛式。

1）当悬垂线夹船体回转轴中心在导线中心轴上方的距离在 0～40mm 之间，称为中心回转式悬垂线夹。中心回转式悬垂线夹相对于回转轴的转动惯量最小，线夹转动灵活。

中心回转式悬垂线夹主要由线夹船体、压板、U 形螺栓和挂板组成，如图 4-1 所示，线夹船体和压板为可锻铸铁件，可锻铸铁件应符合 GB/T 9440—2010《可锻铸铁件》中的规定，并经热浸镀锌防腐工艺处理。常见中心回转式悬垂线夹适用范围见表 4-2。船体是由两块钢板冲压而成的挂板吊挂，挂板安装在船体两侧的挂轴上。由于挂板有一定宽度，若挂板摆动过大，其边缘将碰到 U 形螺丝上，因此，挂板与船体间的摆动角应不大于 45°。在安装时，导线应包缠 1mm×10mm 的铝包带 1～2 层。

表 4-2　　　　　　　　　　　　中心回转式悬垂线夹适用范围

类　型	适　用　范　围
带挂板中心回转式悬垂线夹	中小截面的铝绞线及钢芯铝绞线
带 U 形挂板中心回转式悬垂线夹	钢芯铝绞线或包缠有预绞式护线条的钢芯铝绞线
带碗头挂板中心回转式悬垂线夹	钢芯铝绞线或包缠有预绞式护线条的钢芯铝绞线
防磨型中心回转式悬垂线夹	大风易振动地区

2）当悬垂线夹船体回转轴中心在导线中心轴上方的距离在 40～150mm 之间，称为提包式（下垂式）悬垂线夹，如图 4-2 所示。

提包式悬垂线夹主要由本体、压板、U 形螺栓或螺栓和 UB 挂板组成。本体和压板采用铝合金铸造或锻造加工，铝合金应符合 GB/T 1173—2013《铸造铝合金》或 GB/T 3191—2010《铝及铝合金挤压棒材》的技术要求。铝合金具有比重小、强度高、无磁滞损耗等特点，因此，提包式悬垂线夹的转动惯量并不很大，广泛应用于不同电压等级输电线路工程。

3）当悬垂线夹船体回转轴中心在导线中心轴下方时，称为上扛式悬垂线夹。它主要安装在 500kV 四分裂导线上扛式悬垂联板上，如图 4-3 所示，使四分裂导线上两根子导线抬高到第一片绝缘子瓷裙上方，对绝缘子串起到均压作用，可以省去均压环。

上扛式悬垂线夹主要由本体、压板和 U 形螺栓组成，如图 4-4 所示。本体和压板采用铝合金铸造，应符合 GB/T 1173—2013《铸造铝合金》的技术要求。

（2）根据悬垂线夹对导线握力要求可划分为：固定型、有限握力型和滑动（释放）型三种。

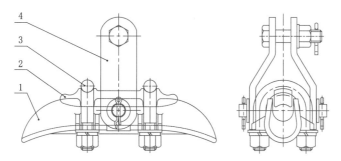

（a）带挂板中心回转式悬垂线夹

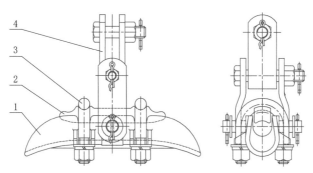

（b）带U形挂板中心回转式悬垂线夹

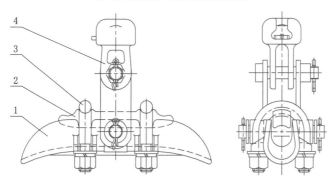

（c）带碗头挂板中心回转式悬垂线夹

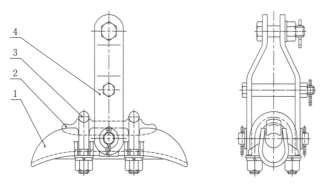

（d）防磨型中心回转式悬垂线夹

图 4-1　中心回转式悬垂线夹

1—线夹船体；2—压板；3—U形螺栓；4—挂板

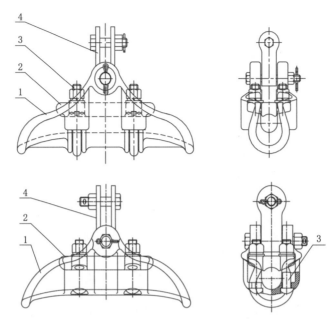

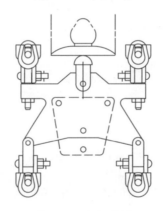

图 4－2　提包式（下垂式）悬垂线夹

1—本体；2—压板；3—U 形螺栓或螺栓；4—UB 挂板

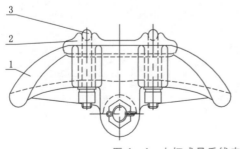

图 4－3　上扛联板

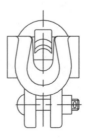

图 4－4　上扛式悬垂线夹

1—本体；2—压板；3—U 形螺栓

1）固定型悬垂线夹。仅规定最小握力值，当导线顺线不平衡张力不大于此握力值时，导线不得在线夹内滑动；而对线夹的最大握力值不作规定，但应不损伤导线。国内输电线路工程中常见的中心回转式、提包式和上扛式悬垂线夹均为固定型悬垂线夹。

2）有限握力型悬垂线夹。规定最小握力值和最大握力值，当导线顺线不平衡张力不大于最小握力值时，导线不得在线夹内滑动；当导线顺线不平衡张力达到或超过最大握力值时，导线应在线夹内滑动。线夹多用于严重覆冰区段，降低因覆冰或舞动等导致的倒塌或断线事故的发生。此类金具需根据线路参数专门定制，同时架空线出现滑动时可能造成导线损伤、滑动后弧锤增加可能造成线路跳闸等，且恢复导线施工难度较大。

3）滑动（释放）型悬垂线夹。仅规定最大握力值，当导线顺线不平衡张力达到此握力值时，导线应在线夹内滑动。线夹多用于大跨越档，当架空线荷载达到滑动型线夹规定的最大握持力后，架空线在线夹内滑动，并随着气象条件变化会自动调整到平衡状态，可有效减小线夹两侧架空线张力，降低倒塌或断线事故发生。此类金具结构复杂且可靠性差，如脱离型、履带型和滚筒型等悬垂线夹，同时架空线出现滑动时可能造成导线损伤、滑动后弧锤增加可能造成线路跳闸等，且恢复导线施工难度较大，现在基本不用。

（3）根据悬垂线夹防电晕性能划分，额定电压330kV及以上线路所用的悬垂线夹，若其本身具有防电晕特性，则称为防晕型悬垂线夹。防晕型悬垂线夹的防电晕特性，按线路额定电压及海拔高度的综合要求，划分为四个等级：普通级、中级、高级、特级，如表4-3所示。

表 4-3   悬垂线夹根据防电晕性能分类

防晕等级	线路海拔 H/m	电压等级/kV
普通级（A）	≤1000	500；±500
	≤4000	330
中级（B）	≤1000	750
	1000～4000	500；±500
高级（C）	≤1500	1000；±800
	1000～4000	750
特级（D）	1500～4000	1000；±800；±1100

（4）其他结构的悬垂线夹还有：预绞式悬垂线夹、垂直排列双悬垂线夹、跳线悬垂线夹和大跨越用悬垂线夹等。

1）预绞式悬垂线夹。主要由预绞丝、橡胶瓦、线夹本体、铝制U形板和UB挂板组成。预绞式悬垂线夹在悬挂处是由橡胶制成的双曲线腰鼓形包箍（橡胶瓦）包住导线，包箍外缠绕铝合金预绞丝，在预绞丝外，装以铝合金制成的带悬挂板的包箍（线夹本体），包箍外再加上U形钢或铝合金挂板，如图4-5所示。

预绞式悬垂线夹分为钢绞线（地线）用、钢芯铝绞线用、OPGW用。它具有握力大、质量轻、防电晕、磁损小等特点。

2）垂直排列双悬垂线夹。垂直排列双悬垂线夹的结构如图4-6所示。它主要由各种悬垂线夹和组合挂板组成。垂直排列双悬垂线夹主要用在220kV垂直排列的二分裂导线上。

3）跳线悬垂线夹。跳线悬垂线夹包括双分裂跳线悬垂线夹和四分裂跳线悬垂线夹，分别用于悬挂双分裂跳线和四分裂跳线。其下端或中间可以安装重锤片。

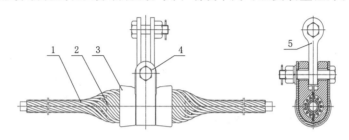

（a）单挂点预绞式悬垂线夹

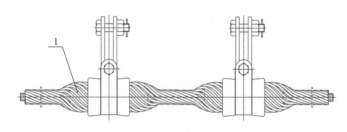

（b）双挂点预绞式悬垂线夹

（c）OPGW光缆预绞式悬垂线夹

图4-5　预绞式悬垂线夹

1—预绞丝；2—橡胶瓦；3—线夹本体；4—铝制U形板；5—UB挂板

双分裂跳线悬垂线夹主要由线夹本体和线夹盖组成，如图4-7所示，可采用可锻铸铁或铝合金材料制造。四分裂跳线悬垂线夹主要由线夹本体和联板组成，其中线夹本体采用铝合金材料制造，中间联板大多为Q235钢板，如图4-8所示。

4）大跨越用悬垂线夹。大跨越用悬垂线夹主要由船体、压板、螺栓、挂板和UB挂板组成，如图4-9所示。船体为球墨铸铁，压板为铸造铝合金，分别应符合GB/T 1348—2007《球墨铸铁件》和GB/T 1173—2013《铸造铝合金》的技术要求。

4.1.3　案例收集情况

悬垂线夹缺陷和故障主要体现在破断、磨损、锈蚀和部件缺失等方面，共剖析了10个案例。

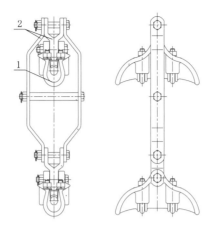

（a）垂直双分裂悬垂线夹

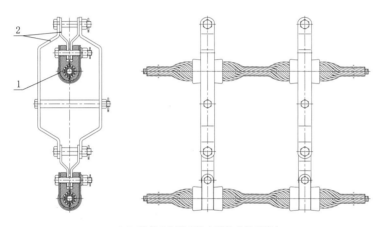

（b）垂直双分裂双挂点预绞式悬垂线夹

图 4-6　垂直排列双悬垂线夹

1—悬垂线夹；2—组合挂板

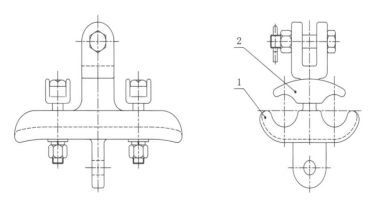

图 4-7　双分裂跳线悬垂线夹

1—线夹本体；2—线夹盖

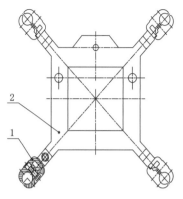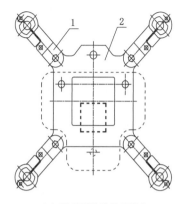

（a）跳线悬垂线夹　　　　　　　（b）阻尼型跳线悬垂线夹

图 4 - 8　四分裂跳线悬垂线夹

1—线夹本体；2—联板

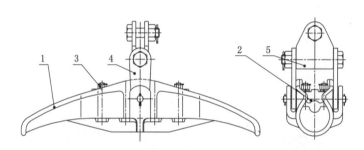

图 4 - 9　大跨越用中心回转式悬垂线夹

1—船体；2—压板；3—螺栓；4—挂板；5—UB 挂板

4.2　典型案例之破断

4.2.1　悬垂线夹压板开裂

1. 案例简述

2017 年 6 月，某 110kV 架空线路部分悬垂线夹（型号 XGF - 4）压板开裂，如图 4 - 10 所示，压板铸件的壁厚不均匀，薄壁和厚壁的相接处以及转折处成型收缩受阻，U 形螺栓紧固后，压板沿壁厚转折处开裂。造成悬垂线夹握着力减小，存在压板随时失效的风险。

2. 故障/缺陷原因分析

对缺陷金具进行检测，发现悬垂线夹压板内部存在气孔和缩松，属于制造质量问题，压板受压力后出现裂纹。存在施工时该螺栓扭矩过大，以及压板产生应力过大并开裂的可能性。

图 4-10　悬垂线夹（型号 XGF-4）压板开裂

3. 故障/缺陷处理方法

更换有裂纹的悬垂线夹压板。

4. 防范措施及质量提升建议

（1）严格控制悬垂线夹压板生产工艺，对造型简单的压板可采用锻造工艺生产。

（2）加强产品的检测，除进行型式试验外，在批量供货时还要进行抽检。

（3）建议严格按照施工工艺，正确配置垫片和弹簧垫并使用力矩扳手进行紧固，确保压板受力均匀。

4.2.2　中心回转式悬垂线夹（铸钢）船体断裂

1. 案例简述

案例 1：2017 年 1 月，西南地区某 220kV 架空输电线路发生两起地线悬垂线夹一侧断裂，断裂悬垂线夹为中心回转式铸钢线夹，型号为 CGU-3（现为 XGU-3），如图 4-11 和图 4-12 所示。

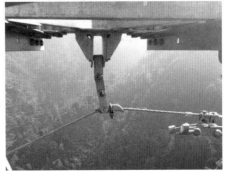

图 4-11　地线铸钢悬垂线夹船体断裂　　　　图 4-12　地线悬垂线夹船体断裂
（山顶、单挂点单线夹）　　　　　　　　　（山顶、单挂点单线夹）

案例 2：2017 年 5 月，西南地区某 220kV 架空输电线路导线悬垂线夹船体一侧断裂，导线滑移导致导线断股。断裂悬垂线夹为中心回转式铸钢线夹（型号为 CGU-4，现为 XGU-4），如图 4-13 所示。

图4-13　悬垂线夹一侧破断脱落

2. 故障/缺陷原因分析

案例1架空线路经过的路径地形起伏，两处断裂悬垂线夹均处于山顶，悬垂角大，在线路覆冰等工况下，地线悬垂角会进一步增大，超出了悬垂线夹的许用应力值。线夹船体受到较大的弯曲载荷作用，弯曲应力超过了材料强度导致线夹断裂。属于工程设计考虑不周。

对案例2悬垂线夹端口进行检查发现内部有砂眼，受力后造成断裂，属于产品质量问题。

3. 故障/缺陷处理方法

对案例1，地线改为单挂点双悬垂线夹设计，改善单个悬垂线夹的受力情况，通过增加线夹的安全系数来提高可靠性，如图4-14所示。地线悬垂串改造后仍采用XGU-3型悬垂线夹。

案例2属于产品质量问题，更换受损金具，见图4-15。

图4-14　更换为单挂点双线夹
示意图（非原故障点位）

4. 防范措施及质量提升建议

（1）全线排查，对于悬垂角较大的塔位，将地线单悬垂线夹改为双悬垂线夹。

（2）对案例2同批次悬垂线夹加强巡视，发现缺陷及时更换。

（3）对于山区大高差、大档距线路以及微地形微气象的塔位，宜考虑极端气象条件进行详细计算和差异化设计，应尽量采用双悬垂线夹设计方案。

（4）加强对重点塔位和地区微地形微气象的观测，收集和分析，为后续工程设计提供依据，提供给后续工程设计使用；同时加强对重点危险环节的巡视检测，及早发现问题。

（5）由于XGU系列悬垂线夹采用可锻铸铁材料和铸造工艺制造，可靠性较低。建议新建工程设计时，采用锻造工艺的高强铝合金悬垂线夹。尤其导线悬垂线夹应采用铝合金材料，避免磁滞损耗，降低线路损耗。

（6）严格按照标准加强产品的质量检测，特别是批量供货。

图 4 - 15　更换悬垂线夹

4.2.3　中心回转式悬垂线夹船体断裂

1. 案例简述

某单回 500kV 架空输电线路地线悬垂线夹断裂，1 根地线掉落在导线横担上，4 个防振锤掉落。悬垂线夹为防磨型 XGU - 3F 型（DL/T 756—2009《悬垂线夹》为 CGU - 3F），线夹本体和压板为球墨铸铁件，挂板和 U 形螺丝为钢制件。

2. 故障/缺陷原因分析

从图 4 - 16 可以看出，线夹船体碎裂，断口表面腐蚀严重，且存在陈旧性裂纹，从裂纹的走向分析，裂纹是由内壁向外壁，由船体中央半圆缺口处向远端扩展，缺口处有白色的痕迹，说明该裂纹存在时间较久，判断应为线夹原始缺陷。

船体金相组织为不均匀的球墨铸铁组织，锌层裂纹与基体内部的石墨连通，如图 4 - 17 所示，这种缺陷容易导致雨水等腐蚀介质进入基体内部，形成电化学腐蚀。根据锌层和基体裂纹形态分析推测，船体在镀锌之前已存在微小裂纹，该裂纹镀锌后被掩盖，在运行中船体受应力影响裂纹逐渐扩大，并最终导致线夹船体碎裂。

由图 4 - 16 所示，线夹船体的材料为球墨铸铁，而球墨铸铁加工工艺复杂，如温差等工艺因素控制不好，很容易导致船体表面形成裂纹。而球磨铸铁的球化率也会直接影响产品强度。通过金相图分析，认为本次故障的主要原因在于线夹的制造工艺控制存在问题。

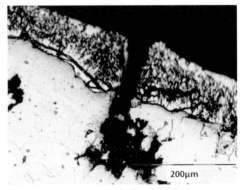

图 4 - 16　断裂的线夹　　　　　　　　图 4 - 17　船体解剖金相

（左：线夹碎裂，右启裂位置）

3. 故障/缺陷处理方法

由于质量问题现在 XGU 系列铸铁线夹已经很少采用，为淘汰产品。对该线路所用 XGU - 3F 铸铁地线悬垂线夹全部更换为采用铝合金锻造工艺制造的提包式悬垂线夹。修补受损的架空地线，或更换一段新地线。

4. 防范措施及质量提升建议

（1）对于该地区新建线路，应选用钢板冲压或铝合金锻造工艺制造的悬垂线夹，选择有多年运行业绩产品生产良好的厂家。

（2）应加强线路金具的采购管理，淘汰 XGU 型铸铁线夹并对在运线路进行更换。

（3）积极采用节能型金具，减少铸铁悬垂线夹金具的使用。

（4）加强生产工艺控制，提升产品制造质量。

（5）加强在役线夹的抽检，及时发现类似缺陷。

4.2.4　预绞式悬垂线夹铸铝套壳断裂

1. 案例简述

案例 1：2011 年 12 月，某 750kV 架空输电线路光缆悬垂线夹（铸铝套壳型号为 TK - 10）断裂，光缆掉落至导线横担上，如图 4 - 18～图 4 - 21 所示，导致线路故障跳闸。故障区段为丘陵地形，植被稀疏，故障塔位光缆为单挂点单线夹连接。

图 4 - 18　#101 断裂的光缆线夹

图 4 - 19　OPGW 光缆掉落在导线横担上

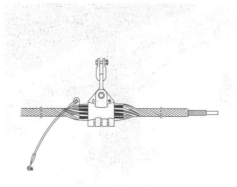

图 4 - 20　光缆悬垂线夹组装图例

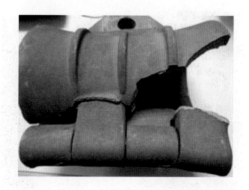

图 4 - 21　悬垂线夹套壳破断情况

案例 2：某 500kV 架空输电线路地线预绞式悬垂线夹损坏，故障发生时有覆冰，如图 4-22 至图 4-25 所示。地线为 120mm² 铝包钢绞线，型号 LBGJ-120-40AC，单挂点双预绞式悬垂线夹。

图 4-22　#4 塔架空地线覆冰状况

图 4-23　落地地线预绞式悬垂线夹安装位置

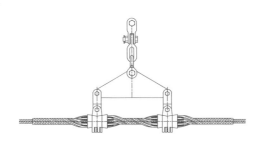

图 4-24　单挂点双预绞式悬垂线夹组装图

图 4-25　预绞式悬垂线夹破断示意图

2. 故障/缺陷原因分析

（1）原材料设计。

根据样件化学分析显示，案例 1 线夹套壳的材质为 ZL 107 铝合金，而国内实际产品多用 ZL 101A 或优于 ZL 101A 性能的材料。这两种材料的元素成分如表 4-4 所示，这两种铝合金材料的性能差异见表 4-5。

表 4-4　铸铝 ZL1010A 与 ZL107 的元素成分（GB/T 1173—1995《铸造铝合金》）

牌号	Al	Si	Mg	Ti	Fe	Cu	Mn	Zn	Zr	Sn	Pb
ZL101A（注 1）	余量	6.5~7.5	0.25~0.45	0.08~0.20	≤0.200	≤0.1	≤0.10	≤0.1	≤0.20	≤0.01	≤0.03
ZL107（注 2）	余量	6.5~7.5	≤0.1	—	≤0.600	3.5~4.5	≤0.3	≤0.3	—	≤0.01	≤0.05

注 1：杂质总和：（砂型铸造）≤0.7；（金属型铸造）≤0.7。

注 2：杂质总和：（砂型铸造）≤1.0；（金属型铸造）≤1.2。

表 4 - 5　　　　　　　　　　　　铸造铝合金铸造性能差异表

序号	性能项目	ZL 101A	ZL 107	单位
1	热处理方式	T6	T6	—
2	抗拉强度	≥295	≥275	MPa
3	布氏硬度	80	100	HBW
4	伸长率	3	2.5	%

与 ZL 101A 相比较，ZL 107 铝合金的 Mg 含量较低，而 Cu 含量较高。ZL 101A 杂质总和≤0.7，而 ZL 107 铝合金的杂质总和≤1.2，ZL 107 铝合金杂质含量较高。对于形状较复杂的铸件，砂型或金属型模铸造，当排气不达标时，难以进行铸件的时效热处理，因此零件难以达到材料牌号规定的力学性能。

（2）结构设计。

按照案例 1 采用的预绞式悬垂线夹，其承受垂直破坏载荷的只有线夹壳体。而铸造铝合金材料受材料强度及加工工艺特性的影响，无法将工件壁厚无限加厚，因此，线夹的整体强度较弱。

（3）产品制造。

案例 1 受损线夹套壳断口未见危害性缺陷，如图 4 - 26、图 4 - 27 所示，但其化学成分不合格，尤其 ZL107 中的 Cu 元素偏低，将大大降低 $CuAl_2$ 相的强化作用；从金相组织看，该铸件变质不足或根本未变质，说明热处理工艺不到位或未做，降低了产品的综合力学性能，存在较严重的质量缺陷问题。

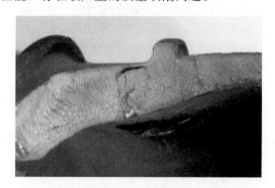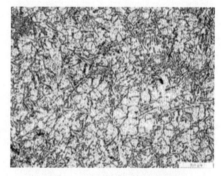

图 4 - 26　线夹套壳起始断口形貌　　　　　　图 4 - 27　套壳金相组织形貌

（4）工程设计。

案例 1 #101 塔位于 #99～ #112 耐张段的最高处，该塔位前侧档距为 344m，后侧档距为 645m， #101 悬垂线夹可能受到较大的不平衡荷载。经核算，工程设计选用的线夹型号机械强度不能满足需要，导致线夹断裂后发生地线掉落事故。

案例 2 中的塔位邻近水库，附近植被茂盛，在发现缺陷时，线路处于冰雪天气，如图 4 - 22 所示，根据破损的线夹壳体分析，当覆冰及脱冰跳跃时，其中一只线夹壳体断裂破损，线夹壳体脱离地线，另一只线夹承担整个地线荷载。该悬垂串为双线夹设计，满足极端天气过载要求，因此，该地线双联悬垂线夹断裂破损其中一只线夹应为产品质量问题。

3. 故障/缺陷处理方法

案例1将线路该塔位附近区段内地线、光缆单悬垂线夹连接形式改为双悬垂线夹连接。

案例2更换受损悬垂线夹。

4. 防范措施及质量提升建议

（1）对于该地区新建线路，地线、光缆单悬垂线夹改为双悬垂线夹。

（2）加强对重点塔位和地区微地形微气象的观测，并进行收集分析，提供给后续工程设计使用；同时加强对重点危险环节的巡视监测，及早发现问题。

（3）建议采用《国家电网公司输变电工程通用设计330～750kV输电线路金具图册》中预绞式悬垂线夹的结构形式。该形式通过悬垂线夹壳体与钢制件箍体的配合，一起承受垂直载荷。其结构能最大限度地发挥工件材料特性，间接提升了产品的力学性能。

（4）严把原材料检验关，做好原材料入库前的各道检验、检测工作，杜绝不合格的原材料流入生产环节。

（5）严格按照工艺要求进行生产，尤其要关注各道特殊工序（包括熔炼、铸造、热处理等）的质量把控，提高金具产品的质量。

（6）加强产品的检测，在批量供货时需严格按照标准进行抽检。

4.2.5　提包式悬垂线夹（铸造铝合金）断裂

1. 案例简述

2017年1月，某220kV架空输电线路#23塔C相右子导线悬垂线夹断裂，子导线脱落致地面，导致线路短路停电。断裂悬垂线夹型号为XGF-6C，如图4-28、图4-29所示。

图4-28　断落的子导线　　　　　　　图4-29　破断的悬垂线夹

2. 故障/缺陷原因分析

（1）铸造生产

通过对悬垂线夹进行尺寸测量、射线检测、扫描电镜及能谱检测，发现线夹内部存在铸造缺陷、线夹断口部位实测壁厚比设计值低了20％左右，线夹承载能力达不到设计要求，当线路荷载超过线夹的承受能力时，导致在薄弱部位发生断裂。因此产品存在质量缺陷问题。

（2）工程设计

通过查阅设计规范，该线路\#23 塔设计冰厚为 20mm，属于中、重冰区临界线。如果根据 DL/T 5440—2009《重覆冰架空输电线路设计技术规程》第 7.1 条规定：在不受地形控制的地段，110～220kV 线路的使用档距不宜超过 300～400m。而\#22～\#23 档的使用档距为 445m，\#23～\#24 的使用档距为 578m，超出重冰区规定条件。

3. 故障/缺陷处理方法

明确该区段为重冰区区段，涉及的所有悬垂线夹进行更换为加强型悬垂线夹，型号为 XGF-6X，荷载选型应增大一级。

4. 防范措施及质量提升建议

(1) 加强对线路巡视和气象观测，及时发现微地形和微气象区，及时进行改造。

(2) 对于该地区新建线路，可以应考虑将 20mm 冰区按照重冰区进行金具设计选型。

(3) 加强产品的检测，产品除进行型式试验外，在批量供货时增加抽检数量，确保工程用产品的性能。

4.2.6　跳线悬垂线夹断裂

1. 案例简述

2015 年 2 月，某 500kV 架空输电线路在防舞动巡检时发现线路一二三回共计 7 处跳线悬垂线夹断裂，如图 4-30 所示，故障金具型号为 XT-445/500，导线规格为 LGJ-500/45。具体的故障情况如下：

(1)\#11 杆塔下相跳线\#2、\#4，上相跳线\#4 和中相跳线\#3 子导线线夹断开。

(2)\#19 杆塔下相跳线\#4、\#3 子导线线夹断开。

(3)\#24 杆塔下相跳线\#3 子导线线夹断裂。

图 4-30　跳线线夹疲劳断裂图

2. 故障/缺陷原因分析

(1) 设计选型

XT-445/500 型跳线悬垂线夹为螺栓压盖式，线夹主体直接固定在联板上，压盖通过螺栓将导线握住，导线、线夹本体与联板形成刚性固定结构，可用于载荷小、工况简单的环境，如图 4-31 所示。

在复杂环境和大配重情况下，选用跳线悬垂线夹宜为 LK-1045 型联板和上扛下垂线夹组合式，即与 LK-1045 型联板配套的线夹采用两个上扛式悬垂线夹和两个下垂式悬垂线夹，见图 4 - 32 所示。

（2）施工

未发现跳线线夹的施工安装问题。

3. 故障/缺陷处理方法

对原跳线线夹金具进行更换，由 XT - 445/500 更换为 LK - 1245 型联板和配套的两个上扛式和两个下垂式线夹，如图 4 - 32 所示。握持导线采用了两个上扛式悬垂线夹及两个下垂式悬垂线夹，对导线的握持更加可靠，抗舞动效果更好。

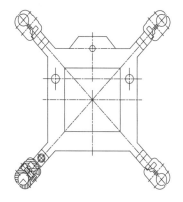

图 4 - 31　XT - 445/500 型跳线线夹示意图

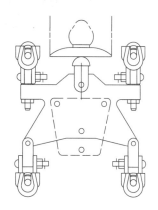

图 4 - 32　普通上扛下垂式结构

4. 防范措施及质量提升建议

加强该地区微地形微气象观测以及运行线路事故分析，尽快安排停电检修时间，全线跳线悬垂绝缘子金具串上的 XT - 445/500 联板线夹，更换为 LK - 1245 联板及其配套的上扛、下垂式悬垂线夹。对该地区新建线路，设计时应采用正规定型的上扛、下垂式跳线悬垂绝缘子金具串设计图，并采购抗风害能力裕度较大、多年运行业绩良好的定型产品。对于中重冰区、舞动区线路段，宜选用加强型悬垂线夹，并加强产品质量检测。

4.3　典型案例之磨损

1. 案例简述

2013 年 5 月，某 500kV 架空输电线路在登杆塔检查时，发现地线悬垂线夹船体挂轴磨损严重，该线夹为 CGU - 3 型。随后的检查中发现在其他线路工程中也出现了该类缺陷，如图 4 - 33、图 4 - 34 所示。

2. 故障/缺陷原因分析

（1）设计制造

该地线悬垂线夹为 CGU - 3F 型中心回转式防磨型悬垂线夹，船体采用可锻铸铁铸造，线夹挂板为碳素钢板焊接套管制造，两种硬度不一致的材质构成挂板耳轴连接，在长时间运行及风力作用下，挂板和挂轴随导线振动而产生转动磨损，使硬度较低的船体挂轴磨损和截面减小，挂板挂空也有一定的磨损。

(a)　　　　　　　　　　　　　　　(b)

图 4-33　地线悬垂线夹船体挂轴磨损

（2）运行维护

对于在大风区或者垂直档距与水平档距比值较小的杆塔，未按特殊区段管控要求登杆塔检查，导致设备长时间带缺陷运行，缺陷等级升级。

3. 故障/缺陷处理方法

（1）更换为改进型 U 形螺丝＋改进 U 形挂环＋提包式悬垂线夹，线夹型号为 CGH-3，连接方式和强度均提高，如图 4-34 所示。

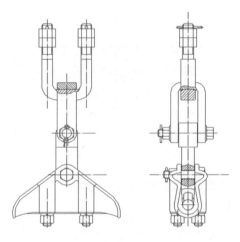

（a）实物照片　　　　　　　　　　（b）正侧面图

图 4-34　改进型 U 形螺丝＋改进 U 形挂环＋提包式悬垂线夹

（2）对磨损的悬垂线夹进行更换，可改用双挂点悬垂线夹，或改用提包式悬垂线夹。

（3）排查垂直档距与水平档距比值较小的杆塔，登塔检查地线悬垂线夹，发现磨损及时更换。

4. 防范措施及质量提升建议

（1）输电线路设计时，减少垂直档距与水平档距比值较小的杆塔的使用量。对于地形气候复杂、风力较强地区的输电线路、垂直档距与水平档距比值较小的杆塔和连续上下山线路，在线路设计时，应考虑选用耐磨及有防风偏组件的悬垂线夹，或采用双线夹设计，避免采用中心回转式悬垂线夹。

（2）对已经投运的输电线路，编制大风区或者垂直档距与水平档距比值较小的杆塔台账，对台账内杆塔按特殊区段管控要求，加大杆塔地线悬垂线夹的登杆检查频次，发现磨损金具立即更换。

（3）为防止悬垂线夹船体挂轴的磨损，应采用新材料、新技术、新工艺制造，选用耐磨性能较好的材料及锻压制造工艺。

（4）加强悬垂线夹耐磨性能的检测，除型式试验外，增加现场抽检数量，必要时，还要按照 DL/T 1693—2011《输电线路金具磨损试验方法》进行耐磨试验。

4.4　典型案例之锈蚀

1. 案例简述

案例 1：2019 年 7 月，某 110kV 架空输电线路地线悬垂线夹（型号为 CGU-2）挂板锈蚀，剩余厚度仅有 0.9～2mm（原厚度为 6mm）。外侧表面呈深褐色，遍布深度及间隔不均匀的腐蚀坑，U 形螺栓和螺母锈蚀严重，U 形螺栓端部螺纹锈蚀脱落，螺母锈蚀后棱角消失，如图 4-35～图 4-37 所示。

图 4-35　悬垂线夹一侧挂板锈蚀　　图 4-36　悬垂线夹 U 形螺栓、螺母锈蚀

案例 2：2018 年 7 月，某 500kV 架空输电线路巡线时，发现地线悬垂线夹及连接金具锈蚀严重，如图 4-38 所示。该线路运行时间超过十年，地区污秽因素加剧金具锈蚀。

2. 故障/缺陷原因分析

案例 1：对悬垂线夹两侧挂板利用涂层测厚仪进行锌层厚度检查时，发现未锈蚀侧挂板锌层厚度大于 10μm，锈蚀严重侧未发现锌层。周边有化工厂，生产过程会排放大量烟尘、粉尘，还有二氧化硫等腐蚀物质，二氧化硫等形成酸雨对可锻铸铁和碳素钢有强腐蚀作用。线路于 1997 年

图 4-37　悬垂线夹锈蚀严重

图 4-38 悬垂线夹锈蚀严重

9 月投运，运行 22 年，期间未更换架空地线及其金具，未采取进一步防腐措施，金具运行时间较长。

案例 2：线路运行超过 10 年，地区污秽因素加剧金具锈蚀。

3. 故障/缺陷处理方法

更换锈蚀的悬垂线夹及挂线金具。

4. 防范措施及质量提升建议

（1）对化工厂区段的线路改用防腐性能更好的金具；加强运行维护管理，增加线路巡检和周边环境调查，掌握线路沿线周边严重污染源变化情况。

（2）排查同区域、同运行环境、同批次线路金具的锈蚀情况，掌握设备运行情况。

（3）加强线路路径沿线设计阶段的污染调查收资，做好新建线路优化，尽量避开化工厂等污染区域，对于重工业发展地区或计划建设化工厂等地段，采取防腐蚀设计措施，选用耐腐蚀性能好的耐候钢挂板和铝合金船体线夹。

（4）加强悬垂线夹防腐性能的检测，除型式试验外，在批量供货时加大防腐性能抽检范围。

（5）施工人员在安装前需要对所用金具进行外观检查，排除缺陷金具。

4.5 典型案例之部件缺失

1. 案例简述

案例 1：2019 年 1 月，某线路年度定检中，发现线路大跨越某子导线悬垂线夹销轴定位销断裂，销轴退出，如图 4-39、图 4-40 所示。

图 4-39 1 导线悬垂线夹销轴退出

图 4-40 悬垂线夹销轴

案例2：2018年5月，巡视发现某架空地线悬垂线夹压板未安装，地线浮放在悬垂线夹线槽内，当出现一定大小的不平衡张力时，地线会滑动，如图4-41、图4-42所示。

图4-41　地线悬垂线夹压板未安装

图4-42　悬垂线夹压板未安装示意图

2.故障/缺陷原因分析

（1）产品设计

案例1悬垂线夹销轴定位销强度不满足工程使用条件，线路舞动造成大跨越工程导线悬垂线夹销轴的定位销疲劳断裂，穿销退出，存在掉线风险。大跨越导线悬垂线夹结构图如图4-43所示。

（2）施工质量

案例2施工过程中悬垂线夹未安装压板。

3.故障/缺陷处理方法

针对案例1，应加大穿心杆的销轴定位销孔径和定位销直径，增加定位销强度与耐疲劳强度，更换断裂定位销。针对案例2，应采取补装悬垂线夹压板，举一反三，进行其他位置的检查。

4.防范措施及质量提升建议

（1）定期检查带定位销的悬垂线夹销轴位置，及时更换断裂定位销。

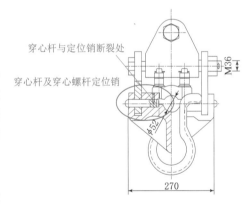
图4-43　大跨越导线悬垂线夹结构图

（2）施工人员在安装前需要对所用金具进行零部件进行清点和外观检查，排除部件缺失和缺陷金具误用等安全隐患，加强各级验收，并倒追责任；加强施工单位三级自检及监理预检；提升运行单位验收质量。

（3）对带定位销的悬垂线夹进行优化设计，改变销轴与线夹的连接方式，增加定位销连接刚度。

（4）采用加强部件巡检或机器人巡检等措施，定期进行排查。

第 5 章

连　接　金　具

5.1　简介

5.1.1　连接金具定义及性能要求

将绝缘子、悬垂线夹、耐张线夹及保护金具等连接组合成绝缘子金具串的金具，称为连接金具。绝缘子金具串又分为悬垂串、耐张串和跳线串。输电线路连接金具包括悬垂串、耐张串和跳线串中除绝缘子、线夹及保护金具外的所有金具。其功能是完成导线与杆塔的连接，承载机械载荷。其性能要求如下：

（1）用来将绝缘子组装成串，悬挂在杆塔横担上。

（2）将悬垂线夹和耐张线夹与绝缘子串相连。

（3）拉线杆塔的拉线金具与杆塔的锚固连接。

（4）为均压环、屏蔽环等防护金具提供安装位置。

各种连接金具之间均为非刚性联结，当金具串在承受风载荷等作用时金具应保证灵活转动。连接金具的可靠性直接决定了金具串型的安全。连接金具一般技术条件应符合GB/T 2314—2008《电力金具通用技术条件》的规定，连接金具的标称载荷、连接尺寸应符合GB/T 2315—2017《电力金具标称破坏载荷系列及连接型式尺寸》的规定，连接金具应承受安装维修及运行中可能出现机械载荷及环境条件的考验。连接金具的连接部件应有锁紧装置，保证运行中不松脱，锁紧销应符合DL/T 1343—2014《电力金具用闭口销》的规定。球头和碗头的球窝连接部位的尺寸应符合GB/T 4056《绝缘子串元件的球窝连接尺寸》的规定。

5.1.2　连接金具分类

根据连接金具的使用条件和结构特点，连接金具可分为三大系列：

（1）槽形连接金具。槽形连接金具是通用金具，它的连接必须借助于螺栓或销钉才能实现。槽形连接金具包括平行挂板、直角挂板、U形挂板、联板、挂点（联塔）金具、耳轴挂板、调整板、牵引板、十字挂板、支撑板、F形连板、悬垂连板、拉杆等。挂板连接金具如图 5-1～图 5-6 所示。

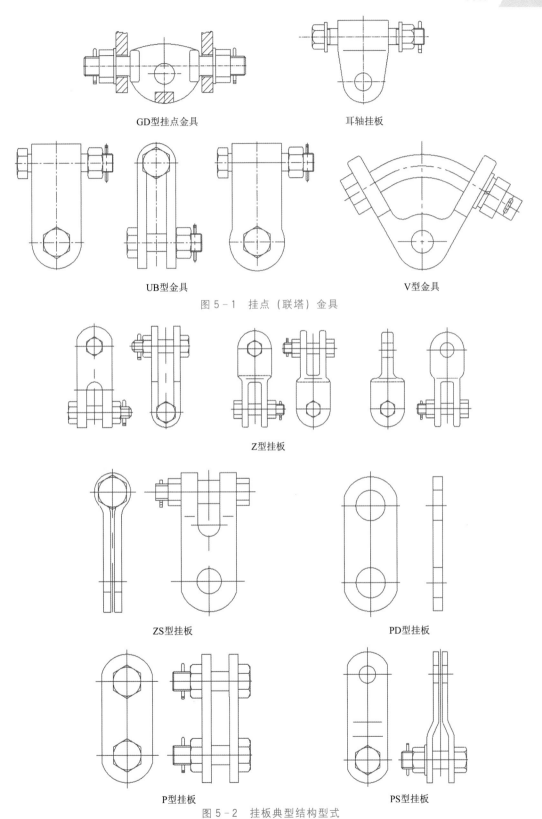

GD型挂点金具　　　　　　　　耳轴挂板

UB型金具　　　　　　　　　　V型金具

图 5-1　挂点（联塔）金具

Z型挂板

ZS型挂板　　　　　　　　　PD型挂板

P型挂板　　　　　　　　　　PS型挂板

图 5-2　挂板典型结构型式

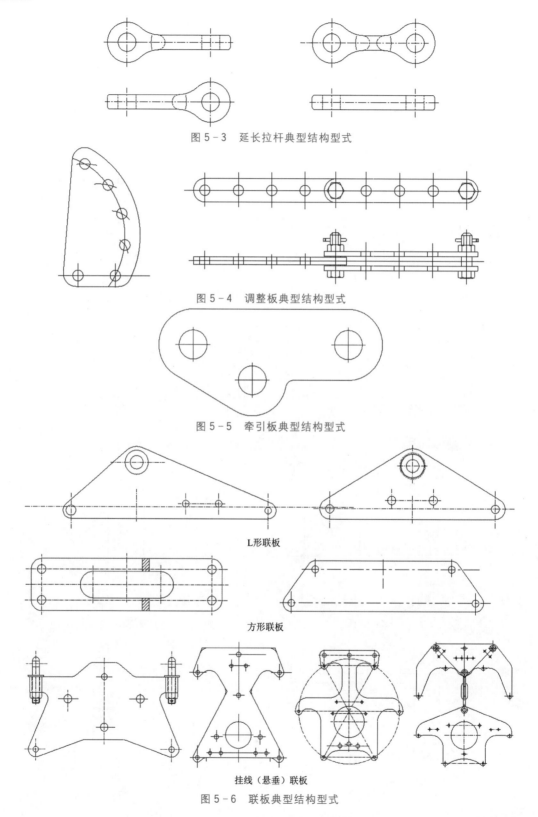

图 5-3　延长拉杆典型结构型式

图 5-4　调整板典型结构型式

图 5-5　牵引板典型结构型式

L形联板

方形联板

挂线（悬垂）联板

图 5-6　联板典型结构型式

（2）环形连接金具。环形连接金具是通用金具，采用环与环相连的结构。环形连接金具包括各种 U 形挂环、直角挂环、延长环及 U 形螺丝等。环形连接金具典型结构如图 5-7 所示。

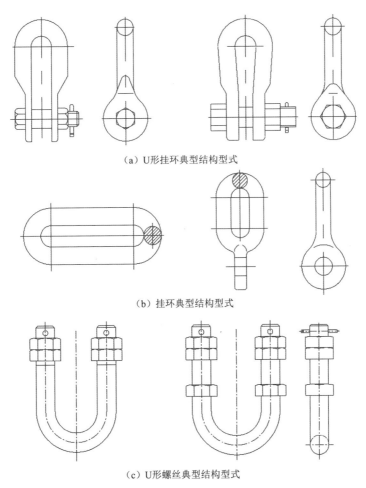

（a）U形挂环典型结构型式

（b）挂环典型结构型式

（c）U形螺丝典型结构型式

图 5-7 环形系列连接金具结构图

（3）球窝连接金具。球窝连接金具是专用金具，是根据与绝缘子连接的结构特点设计出来的，用于直接与绝缘子相连接。球窝连接金具是球窝型结构的悬式绝缘子配套使用的连接金具，包括各种球头挂环、碗头挂板等。球窝连接金具典型结构如图 5-8 所示。

连接金具的主要原材料有棒材和钢板两类，棒类材料主要有 #10、#35、#45、65Mn、Q235、35CrMo、40Cr 等。板类材料主要有 #35、40Cr、Q235、Q345R、Q345D、Q550 等。

5.1.3　连接金具载荷系列

为了使相同机械强度的连接金具，具有普遍的互换性，方便运行检修，相同机械强度的连接金具所用的销钉、螺栓的直径及受力部位尺寸力求统一，现行国家标准 GB/T

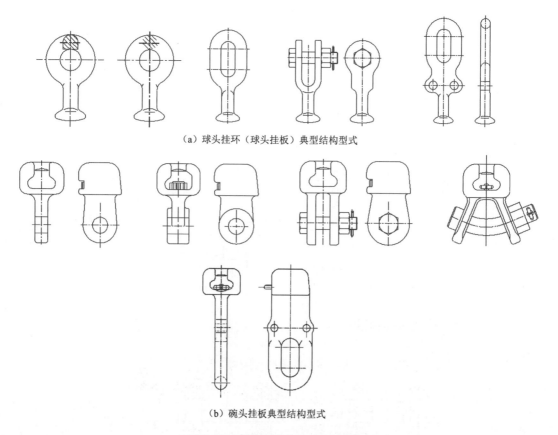

（a）球头挂环（球头挂板）典型结构型式

（b）碗头挂板典型结构型式

图 5-8　球窝系列连接金具结构图

2315—2017《电力金具标称破坏载荷系列及连接型式尺寸》中对三类连接金具的连接结构主要尺寸作出了规定。

标称破坏载荷系列分为 18 个等级：40kN、70kN、100kN、120kN、160kN、210kN、250kN、320kN、420kN、550kN、640kN、840kN、1100kN、1280kN、1680kN、2200kN、2560kN、3300kN。其标称破坏荷载系列参数见表 5-1。

表 5-1　　　　　　　　　　　　标 称 破 坏 荷 载 系 列

标　记	4	7	10	12	16	21	25	32	42
标称破坏载荷/kN	40	70	100	120	160	210	250	320	420
螺栓直径/mm	16	16	18	22	24	24	27	30	36
螺栓抗拉强度/MPa	≥400				≥600				
标记	55	64	84	110	128	168	220	256	330
标称破坏载荷/kN	550	640	840	1100	1280	1680	2200	2560	3300
螺栓直径/mm	36	39	45	48	52	64	68	72	80
螺栓抗拉强度/MPa	≥600			≥800					

5.1.4 案例收集情况

连接金具在运行中发生的主要问题集中在破断、磨损、锈蚀、紧固件失效等，共剖析了 12 个案例。

5.2 典型案例之破断

5.2.1 延长环焊缝开裂

1. 案例简述

案例 1：2018 年 3 月，某 110kV 架空输电线路改造项目中，发现耐张绝缘子串的 PH-12 延长环焊接处有裂纹。该线路于 2006 年 6 月 30 日投运，导线型号为 LGJ-240/30。裂纹情况如图 5-9 所示。

图 5-9　开裂的延长环

案例 2：2018 年 2 月，某 220kV 架空输电线路跳闸，经查耐张绝缘子串连接金具的 PH 型延长环焊接处开裂，导致耐张绝缘子串坠落。坠落后的绝缘子串在跳线的牵引下悬挂在空中，使得导线大幅度上下摆动造成线路短路故障。延长环的安装位置如图 5-10 所示，断口情况如图 5-11 所示。

2. 故障/缺陷原因分析

两起故障/缺陷部位均在延长环的焊缝处，属于典型的焊接问题。案例 1 焊缝不均匀，焊点尺寸大，内部未焊透，表明其焊接工艺差，出厂时就存在机械强度方面的质量隐患，最终导致缺陷发生。

案例 2 断口表面大约 90% 的面积为陈旧性缺陷，只有约 10% 的面积为新断口痕迹。断口中心直径 6mm 范围内未焊透，未焊透区域外有焊接夹杂物、气孔、未熔和热裂纹等焊接缺

图 5-10　延长环的安装位置

图 5 - 11　延长环断口

陷。另外还发现有红色的锈蚀瘢痕，即有腐蚀介质透过表面裂纹进入内部形成腐蚀。

由断口位置的焊口形貌可以看出，焊点表面光滑，尺寸大，说明焊接范围非常大。这种焊接易形成热裂纹等缺陷。从裂纹的扩展方面来看，裂纹是自内部未焊透区域向表面扩展的，内部未焊透、未熔、裂纹是线路发生故障的主要原因。

对延长环进行金相取样分析，如图 5 - 12 所示。可以看到焊缝的熔合线表面存在裂纹

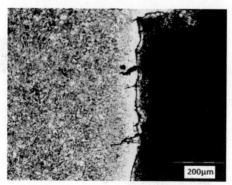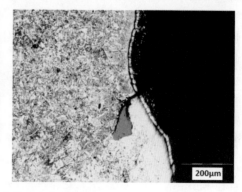

图 5 - 12　表面熔合线处存在的裂纹缺陷

缺陷，这些缺陷尺寸较小，和内部大面积的未焊透、未熔、裂纹叠加，在长期运行荷载和风致振动下，这些固有的较小裂缝会随时间逐步扩展增大，裂缝表面也会腐蚀和扩展。

对延长环内部未焊透区域的边缘进行金相观察，如图 5-13 所示，可以发现未焊透区域边缘虽然未形成宏观裂纹，但有萌生裂纹的趋势。该种缺陷在疲劳应力下，随着运行时间的延长易产生裂纹并扩展。

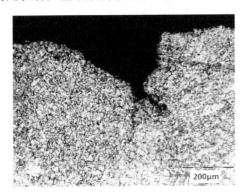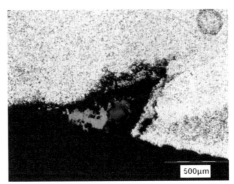

图 5-13 心部未焊透尖端尚未形成宏观裂纹

用直读光谱仪对延长环进行取样化学分析，结果符合 GB/T 700—2006《碳素结构钢》对 Q235A 成分的要求。对同批次有同样缺陷的延长环进行力学试验表明，本批次延长环能够满足 GB/T 2317.1—2008《电力金具试验方法 第 1 部分：机械试验》的要求。

据此分析，故障原因在于金具出厂时存在严重的焊接缺陷，在拉力荷载和风致振动力作用下微小裂纹逐渐扩展，当剩余承载面积不足以满足导线荷载的情况下发生迅速断裂。

3. 故障/缺陷处理方法

运行单位及时更换该批次延长环，更换为整体锻造延长环。

4. 防范措施及质量提升建议

(1) 加强区段的巡视，对于焊接型式的延长环，应逐步更换为整体锻造工艺生产的延长环。

(2) 对新建线路和技改线路，在设计和物资采购时，选用整体锻造工艺生产的延长环。

(3) 加强对产品的例行检测，物资采购和施工验收加强检查和验收工作，尽量减少焊接金具的使用，确保产品质量。

5.2.2 球头挂环断裂

1. 案例简述

案例 1：2015 年 1 月，某 500kV 架空输电线路悬垂绝缘子掉串。故障发生时，导线和绝缘子上均有明显覆冰，覆冰最大厚度约为 15mm，且观察到导线存在持续舞动现象，最大舞动幅度达 4m。现场检查发现，与绝缘子相连的球头挂环断裂，导致绝缘子金具串落地。断裂的球头及故障现场如图 5-14 所示。

图 5 - 14　断裂的球头挂环及落地的绝缘子串

　　案例 2：2018 年 2 月，某 500kV 架空输电线路 A 相（双回路垂直排序中相）绝缘子串球头挂环断裂掉串。故障发生时现场有大风和雨夹雪，发生一定程度的导线振荡。断裂的部件如图 5 - 15 所示。

图 5 - 15　断裂的球头挂环

　　案例 3：2017 年 12 月，某 220kV 架空输电线路导线悬垂绝缘子串球头挂环断裂掉串，该线路于 2003 年 11 月 1 日投运，位于大风区，故障发生时天气为晴天，故障现场如图 5 - 16 所示。

　　案例 4：2017 年 4 月，某大风区 500kV 架空输电线路悬垂绝缘子串球头挂环断裂掉串，导线掉落至铁塔瓶口处，造成线路接地。故障发生时天气为晴天。断裂部件如图 5 - 17 所示。

　　2. 障/缺陷原因分析

　　从案例 1 和案例 2 的球头断面看，球头挂板发生单源疲劳断裂，一侧区域为疲劳断裂区，另一侧区域为脆性断裂区。断口表面无氧化物覆盖，表明断裂过程持续时间短，很可能是一次性冲击过载过程引起的断裂。

图 5 - 16　故障现场及球头挂环断口

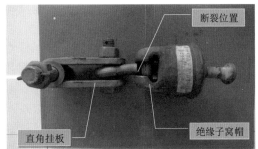

图 5 - 17　断裂的球头挂环

　　案例 3 和案例 4 两侧断面呈双向弯曲疲劳断裂特征，为多源疲劳。断口外围区域为疲劳断裂特征，中心区域为脆性断裂特征。断口可见贝纹状疲劳条纹，裂纹从左右两侧表面向内扩展，最终断裂区位于心部。靠近表面的断口区域为早期扩展的裂纹，断面呈现锈蚀的红褐色，后断裂的断口心部表面呈白亮色，表明其疲劳断裂的过程持续时间相对较长，很可能并非一次过程引起。

　　对案例 2、案例 3 和案例 4 的同批次球头进行化学和硬度分析，均满足相应材料和机械强度的要求。对案例 2、案例 3 和案例 4 的球头断口做金相分析，发现裂纹源附近的次表层基材表面存在较多的尺寸不等的显微凹坑，且在凹坑底部的应力集中处形成了多条平行于断口的显微裂纹，在周期性交变载荷作用下，表面镀锌层发生破损并有部分进入显微裂纹中。对故障球头断面进行扫描电镜观察，结果支持对断口的疲劳和脆性断裂特征分析的结论。因此，以上四个故障的原因为，球头挂环在交变载荷的作用下，其基体表面萌生疲劳裂纹，并逐渐扩展，最终造成断裂。

　　考虑故障发生时的天气情况和导线的振荡情况，认为案例 1 和案例 2 为导线舞动造成的球头挂环断裂，过程持续时间短，断裂快。而案例 3 和案例 4 为风引起的较长时间的交变载荷持续对断裂部位作用，最终造成疲劳断裂。

以上四个线路故障的原因为，球头挂环在交变载荷的作用下，其基体表面萌生疲劳裂纹，并逐渐扩展，最终造成断裂。不论冲击过载过程引起断裂，还是多源疲劳引起的疲劳断裂，除了可能存在制造缺陷和应用环境恶劣外，本部分的案例也反映出产品的设计或选择的标准等因素本身具有一定的失效风险。传统的球头球窝连接结构在应对导线振荡等冲击荷载方面存在短板，选用的材料和简单的锻造工艺，抗疲劳技术水平低下，不能适应极端气象和地理环境因素的破坏。案例 3 和案例 4 还存在由于串型配置不合理导致球头、碗头金具转动不灵活从而造成损伤的可能性。

3. 故障/缺陷处理方法

安排停电检修，更换损坏的球头挂环及绝缘子。对案例 1 和案例 2 中的线路区段，选用提高标称破坏载荷等级的球头挂环配置。

对合成绝缘子串的线路，改换成环型连接结构的合成绝缘子。

4. 防范措施及质量提升建议

（1）开展隐患排查，对故障区段内的金具进行检查，对磨损严重的金具及时进行更换，对采用球窝连接的合成绝缘子串改用环型连接的合成绝缘子，将盘式绝缘子悬垂串更换为加大一级绝缘子金具串。

（2）故障区段的线路进行导线防舞和防风振治理，减小交变载荷强度。

（3）提高球头挂环等金具的制造标准，提高其抗疲劳和抗脆断的强度。

（4）在产品设计和制造层面，采用新技术、新工艺选配合适的材料，提高球头挂环的抗疲劳、抗脆断的强度和能力。

（5）绝缘子串工程设计方面，应保证球头以上部分至少有两个互相垂直的铰接点。

（6）工程施工方面，应保证球头以上部分至少有两个互相垂直的铰接点且转动灵活。

5.2.3　直角挂板断裂

1. 案例简述

案例 1：2019 年 5 月，某 220kV 架空输电线路中相右子导线与 L 型联板连接的 ZS-7 直角挂板断裂，导线掉落于杆塔平口脚钉位置，导线和塔身有明显放电痕迹，如图 5-18 所示。故障区段位于大风区域，线路导线加装了防风偏拉线。

案例 2：2012 年 12 月，某 220kV 双回路架空输电线路的 I 回中相发生直角挂板断裂。断裂的产品型号为 Z-10，如图 5-19 所示。

2. 故障/缺陷原因分析

对案例 1 的断裂挂板及同批次产品进行化学成分分析、机械试验和显微组织检验，挂板在元素含量、微观组织及机械性能方面并未发现异常，但螺栓孔发生明显塑性变形说明该挂板受力已经超出材料的屈服强度。根据提供的现场资料发现，该线路在未考虑挂板受力情况下加装了防风偏拉线，改变了挂板的原设计受力状态，同等风速下绝缘子串受力成倍增加。另外该线路位于大风区，常年受较大风载荷影响，进一步加剧了挂板异常受力，最终导致挂板拉断。

对案例 2 的断裂挂板进行化学成分分析、显微组织检测、材料冲击试验和扫描电镜检

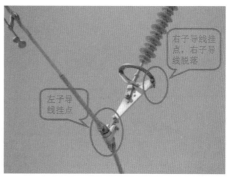

图 5-18　直角挂板断裂现场照片

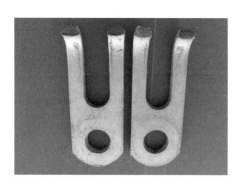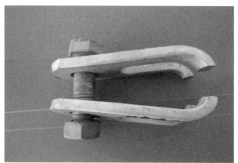

图 5-19　断裂的直角挂板

测，发现直角挂板大部分化学成分正常，部分断口为脆断形式，但显微组织观察认为在弯制部位的裂纹尖端存在大量夹杂物，如图 5-20 所示。裂纹尖端的夹杂物 EDS 检测结果表明，其既含有大量 Zn 块，也含有脆性硅酸盐类，如图 5-21 所示。根据此情况，推测该挂板弯制过程中温度过低，造成裂纹。在随后的镀锌过程中，有 Zn 渗入裂纹断口，因此断口才会存在大量 Zn 块，在直角挂板承载运行阶段，原始裂纹受力逐渐扩展，后受硅酸盐腐蚀，最终发生完全断裂。

3. 故障/缺陷处理方法

选用优质的金具产品，对故障直角挂板进行更换。

4. 防范措施及质量提升建议

（1）对同区域、同批次金具、同运行环境的输电线路的直角挂板金具进行更换。对同区域输电线路进行排查，掌握线路运行情况。

（2）在对线路进行防振动、防舞动和防风偏等改造时，应对线路各部件进行安全性校核。

（3）加强对受力金具的抽检管控，加强产品验收和抽检数量，增加破坏性试验项目。

（4）采用优质原材料，并采用先进的数字化热成型锻压技术生产挂板。

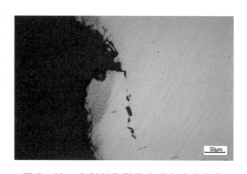

图 5-20　弯制部位裂纹尖端存在夹杂物

89

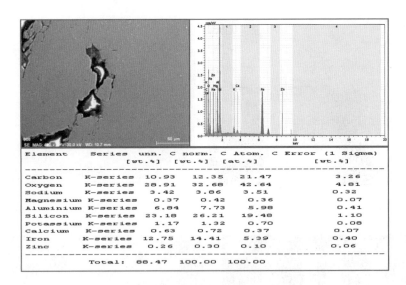

图 5-21   断裂直角挂板裂纹尖端夹杂物 EDS 检测结果

（5）提高产品的材料韧性，提高制造水平，并且从设计和应用标准上提高抗疲劳寿命。

5.3   典型案例之磨损

1. 案例简述

2011 年 3—4 月，某 750kV 架空输电线路处于大风区段的地线及光缆挂点连接金具（U 形挂环）普遍出现不同程度的磨损，其中光缆金具磨损尤为突出，个别 U 形挂环截面磨损达到 40%。挂点金具连接方式为"环形"连接（U 形环与 U 形环连接）。该段线路地形地貌复杂，位于有名的"百里风区"内，磨损情况如图 5-22所示。

图 5-22   U 形挂环出现磨损

2. 故障/缺陷原因分析

根据运行情况了解，该地段常年平均风速在 17m/s 以上，地线和光缆受风的影响，经常发生周期性小幅振荡。而环型连接的金具结构，相互间活动裕度大，在风力的作用下，U 形挂环发生相互摩擦的频率比普通地区更高，相对更易受损。

3. 故障/缺陷处理方法

采用高耐磨材料直角挂板替代环形连接的 U 形挂环。

4. 防范措施及质量提升建议

（1）加强大风区段的巡视，重点巡查 U 形挂环情况，若出现磨损缺陷应立即更换。

（2）采用高耐磨材料金具。以直角挂板代替 U 形挂环，增加连接金具接触面积，降低接触面的压强，提高金具耐磨水平。

（3）设计及采用降低振动幅度的结构。

（4）提高金具的成形和加工制造水平，从金具设计和应用标准上提高金具的高强韧性、耐磨损和抗疲劳寿命性能。

5.4　典型案例之锈蚀

1. 案例简述

2019 年 7 月，巡视人员发现某 110kV 架空输电线路的一处架空地线横担侧 U 形挂环（型号为 UL-7）锈蚀严重，U 形挂环直径最大为 16mm，最小处只有 12mm，外侧表面呈深褐色，遍布不均匀的腐蚀坑，其中锈蚀最严重处是 U 形挂环和楔型线夹连接处。U 形环螺栓、螺母锈蚀严重，螺栓端部螺纹锈蚀脱落，螺母锈蚀后棱角消失，如图 5-23 所示。该线路于 1997 年投运，未更换过架空地线及其金具。2009 年在其西南方向 800m 处建设投运了水泥厂，常年排放烟尘，造成金具腐蚀速度快。

图 5-23　U 形挂环锈蚀情况

2. 故障/缺陷原因分析

检测人员对 U 形挂环及连接金具利用涂层测厚仪进行锌层厚度检查，金具表面未发现锌层。

案例中缺陷的原因在于金具的抗锈蚀能力弱。同时，运行单位未能根据周边环境变化情况采取相应的防腐措施也是缺陷发生的原因之一。

3. 故障/缺陷处理方法

更换锈蚀的金具。

4. 防范措施及质量提升建议

（1）排查同区域、同批次金具、同运行环境的输电线路金具锈蚀情况。

（2）对该区段的线路金具采取防腐措施，喷涂防腐材料，腐蚀严重的金具全面进行更换。

（3）对处于金具易腐蚀区域的新建线路，应全面提升金具防腐标准，可采取增加镀锌层厚度等措施，并加强抽检。

（4）线路规划设计时，应注意避开易腐蚀区域。

（5）对处于金具易腐蚀区域的新建线路，连接金具应采用耐腐蚀材料，或应用新型耐腐蚀技术，建议采用耐候钢和新技术生产的新型金具。

（6）运行单位应密切跟踪线路周边环境变化情况，及时对运维线路采用必要的应对变化措施。

5.5　典型案例之部件缺失

1. 案例简述

案例 1：某 750kV 架空输电线路耐张绝缘子串＃5 子导线 Z 型挂板与调整板的连接螺栓螺母缺失，如图 5-24 所示。

案例 2：某 750kV 架空输电线路悬垂绝缘子串导线端碗头挂板 R 型锁紧销脱出，如图 5-25 所示。故障线路所处区域常年风速较高，风季时间长，导线的振动较为常见。

图 5-24　Z 型挂板与调整板的连接螺栓螺母缺失

2. 故障/缺陷原因分析

输电线路在运行中，导线不可避免地会发生幅度、频率不同的各类振动，如微风振动、次档距振荡和舞动等。这些振动过程，会使金具受力发生周期性的变化，在松—紧—松—紧的往复作用下，如果存在安装或设计不当，那么螺母和销钉等部件易发生脱出或脱落。

案例1中，估计螺栓闭口销未安装或安装不当，直角挂板螺栓闭口销首先缺失，螺母不受限制，振动状态下极易脱落。

案例2中，估计碗头锁紧销安装不到位。

3. 故障/缺陷处理方法

补装螺母和开口销。对碗头锁紧销进行复位并检查牢固。

4. 防范措施及质量提升建议

（1）检查区段内各类紧固件的缺陷情况，以及销钉的脱出脱落情况，对紧固件全面检查和复位。

图5-25 某750kV线路悬垂串
碗头锁紧销脱出

（2）加强施工验收环节对开口销掰开状态和闭口销弹性的检查。对振动严重的输电线路所应用的锁紧销加大抽检比例，重点检测拔出力及掰开角度。

（3）对振动较为严重的输电线路区段，积极研究适宜的紧固件结构方案。

（4）对振动严重的输电线路，研究并优化防振设计，采取抑制振动的措施，如增加防振锤和防舞器等。

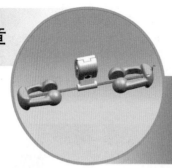

第 6 章

防 护 金 具

6.1 简介

防护金具主要用于对导线、地线、各类电气装置或金具本身起到电气性能或机械性能防护作用，是输电线路的重要组成部分，是保证输电线路安全稳定运行的重要保障。常见的防护金具有均压环、屏蔽环、均压屏蔽环、间隔棒、防振锤、阻尼线系统、防振鞭、防舞动金具、重锤片、护线条以及由多种金具组合而成的相间间隔棒等。

6.1.1 间隔棒

间隔棒是使一相（极）导体中的多根子导线保持相对位置的防护金具，是输电线路的重要防护金具之一。间隔棒可以保证子导线线束间距以满足电气性能，防止子导线互相鞭击，避免在短路电流作用下电磁力造成子导线线束间相互吸引碰撞，还对次档距振荡和微风振动起到一定的抑制作用。对间隔棒而言，其主要性能要求为线夹须有足够的握力且在长期运行中不允许松动，整体强度须能耐受线路短路时分裂导线的向心力和长期振动下的疲劳损伤。

间隔棒应满足以下要求：

（1）短路时不发生永久变形或损坏，短路电流消失后应具有恢复子导线设计间距的能力。

（2）能承受安装、维修和运行（包括短路）条件下的机械载荷，任何部件不得损坏或出现永久性变形。

（3）线夹在顺线方向、垂直方向、圆锥方向和水平方向均应具有一定的活动空间。

（4）在实际正常的运行条件下，应满足对电晕和无线电干扰的要求。

（5）运行中各个部件不得松动，在整个运行寿命期间应保持技术性能。

间隔棒可根据产品性能特点、分裂导线结构进行分类。根据性能特点，间隔棒可分为阻尼间隔棒、柔性间隔棒和刚性间隔棒。阻尼间隔棒为在其关节内安装有阻尼元件，利用阻尼元件来消耗导线振动能量，进而减轻分裂导线微风振动和次档距振荡。根据间隔棒结构，间隔棒可分为二分裂、三分裂、四分裂、六分裂和八分裂间隔棒等，如图 6 - 1 所示。

间隔棒线夹有预绞式和铰链式两种，常见的四分裂阻尼间隔棒结构示意图如图6-2所示。

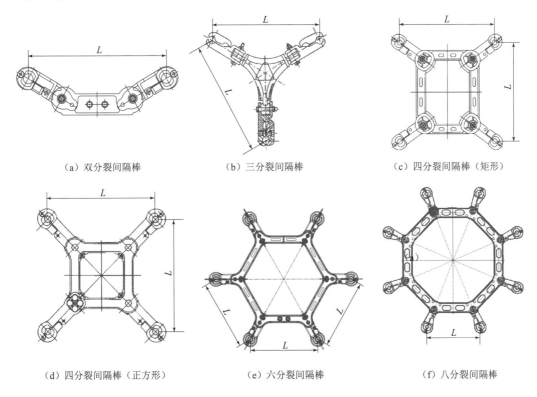

（a）双分裂间隔棒　　　　（b）三分裂间隔棒　　　　（c）四分裂间隔棒（矩形）

（d）四分裂间隔棒（正方形）　　　（e）六分裂间隔棒　　　　（f）八分裂间隔棒

图6-1　间隔棒结构型式示意图

L—子导线分裂间距

　　分裂导线的相邻两个间隔棒之间的距离称为次挡距，通常在30～70m的范围内。间隔棒运行中长期处于振动状态，在导线微风振动、次挡距振荡和舞动作用下，会出现因振动引起的故障，如线夹松动、部件脱落和部件磨损等，严重时会引起导线磨损，导致导线断股、断线等事故。间隔棒失效的主要原因有以下两种：①线路设计时考虑不周，对于导线风致振动严重地区，间隔棒布置未进行差异化设计，以减小平均次挡距，使得次挡距振荡幅度过大；②间隔棒设计存在不足，包括线夹关节的固定方式耐振性能差、铰链销易退出、线夹内橡胶不匹配和橡胶老化等。一般通过减小间隔棒布置的平均次挡距或改进间隔棒结构，提高间隔棒耐振性能，避免因线路次挡距振荡引起间隔棒功能失效。

6.1.2　防振金具

　　防振金具包括防振锤、阻尼线和防振鞭等。为了防止和减轻导线的振动，一般在悬垂线夹和耐张线夹的附近安装一定数量的防振锤。当导线发生微风振动时，防振锤也随之振动并消耗能量，从而降低导线振动强度。防振锤的锤头有音叉式、竹筒式、钟罩式和狗骨式等多种形状样式，线夹有螺栓式、预绞丝式和铰链式，其原理均相同。对称型锤头的防振锤有两个谐振频率，非对称型有三个及以上的谐振频率。螺栓线夹式防振锤（如图

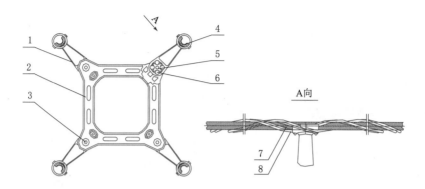

1—线夹主体；2—框架；3—螺栓；4—橡胶垫；5—十字轴；6—阻尼橡胶；7—导线；8—预绞丝

（a）预绞式线夹

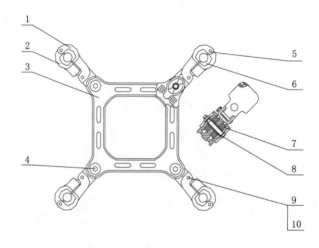

1—线夹主体；2—线夹压板；3—框架；4—铰轴螺栓；5—铰链销；6—橡胶垫；

7—限位套管；8—阻尼橡胶；9—销轴；10—闭口销

（b）铰链式线夹

图6-2   四分裂阻尼间隔棒

6-3所示）安装时通常在导线上缠绕铝包带，线夹固定在铝包带上，防止损伤导线；预绞丝式防振锤（如图6-4所示）线夹没有压盖和螺栓，通过预绞丝将线夹固定在导线、地线上；铰链式防振锤（如图6-5所示）线夹本体的上端通过铰链销与压盖的一端铰接，压盖的另一端通过锁紧螺栓与线夹本体固定连接。

防振金具应满足以下要求：

（1）抑制微风振动。

（2）能够承受安装、维修和运行等条件下的机械载荷。

（3）在运行条件下，不对导/地线产生损伤。

（4）便于在导/地线上拆除或重新安装且不得损坏导/地线，便于带电安装和拆除。

（5）电晕、无线电干扰和可听噪声应在要求的限度内。

（6）安装方便、安全。

（7）在运行中任何部件不应松动。

（8）在运行寿命内应保持技术性能。

（9）防止积水。

1. 防振锤

防振锤失效形式主要有锤头脱落、钢绞线断裂和磨损导线等，防振锤失效的主要原因有以下两种：①线路防振设计时，对导线参数和气象条件等因素考虑不周，计算不准确，防振锤配置和选型不合理，无法有效抑制导线微风振动；②防振锤产品质量问题，如结构设计、材料选择、制造工艺、锤头与钢绞线连接和组装工艺等。

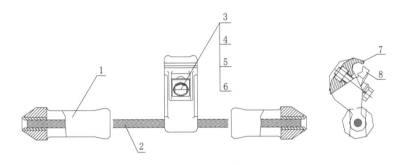

图 6-3　防振锤（螺栓盖板式线夹）

1—锤头；2—钢绞线；3—六角螺栓；4—六角螺母；5—平垫圈；

6—弹簧垫圈；7—线夹主体；8—线夹盖板

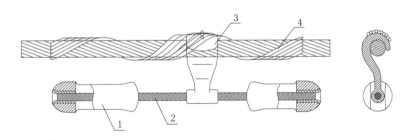

图 6-4　防振锤（预绞式线夹）

1—锤头；2—钢绞线；3—线夹；4—预绞丝

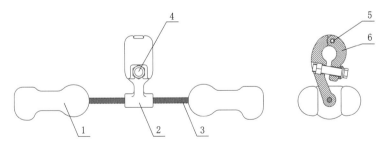

图 6-5　防振锤（铰链式线夹）

1—锤头；2—线夹；3—钢绞线；4—螺栓；5—铰链销；6—线夹盖板

2. 阻尼线系统

阻尼线系统由阻尼线和阻尼线线夹组成，阻尼线通常采用钢芯铝绞线，通过专用阻尼线线夹，将多组阻尼花边固定在被防护的导线、地线上，阻尼线安装在悬垂线夹或耐张线夹的附近，如图 6-6 所示。阻尼线通常由一组长度不同的"花边"组成，其优点是覆盖频率广，长花边应对低频段微风振动，短花边应对高频段微风振动。阻尼线与导线的连接位置相当于挂接防振锤，多个连接点相当于挂接多个防振锤，通过多个防振锤联动作用，实现对振动的抑制。为保证良好的防振效果，一般采用阻尼线和防振锤联合使用的方式，通常将防振锤安装在阻尼线花边内，构成联合防振方案，在微风振动的全频域范围内具有良好的防振效果。由于阻尼线自身无张力，其耗能较高，不存在振动疲劳问题，但阻尼线线夹在长期运行中可能会发生螺栓松动甚至线夹脱落。阻尼线多用于大跨越线路、重冰区线路和微风振动严重的一般线路的导线防振。

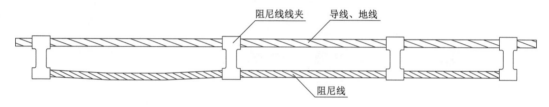

图 6-6   阻尼线示意图

3. 防振鞭

防振鞭由一种高强度、耐老化和高弹性的工程塑料制成的螺旋状金具，最早用于全自承式架空光缆（ADSS）的防振。防振鞭整体成螺旋形状，包括相接的握紧段和减振段，其中握紧段紧紧缠绕在待保护线缆上，减振段螺旋管状结构的内径略大于待保护线缆的外径，以使减振段可径向活动。其防振原理是通过防振鞭的减振段与线缆的撞击来消散振动能量进而达到减弱线路导线微风振动的效果。由于其采用缠绕方式固定，对光缆不会造成机械损伤，但当防振鞭与被保护的线缆存在握力不足时，防振鞭可能会发生滑移。防振鞭照片如图 6-7 所示。

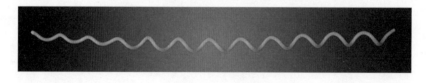

图 6-7   防振鞭

6.1.3   防舞金具

用于防治输电线路导线舞动的金具称为防舞动金具，防舞金具包括相间间隔棒、线夹回转式间隔棒和双摆防舞器等。

1. 相间间隔棒

相间间隔棒主要由复合绝缘子、连接金具和子导线间隔棒组成。相间间隔棒是支撑和保持两相导线间或回路间的间隔距离的具有绝缘性能和机械强度的间隔棒，能将不同相导线进行有效的连接和支撑，使各导线的运动相互制约，相间间隔棒既能有效防止输电线路的舞动，又可防止脱冰跳跃，还可防止风偏以及相导线距离不足引起的相间闪络。相间间隔棒结构示意图如图 6-8 所示。相间间隔棒可应用于单导线，也可应用于分裂导线。

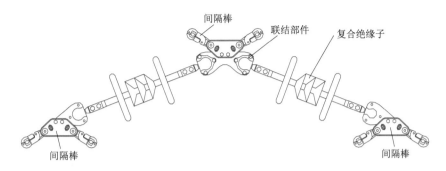

图 6-8　相间间隔棒

2. 双摆防舞器、线夹回转式间隔棒

目前常见的防舞动金具有双摆防舞器和线夹回转式间隔棒等，其中双摆防舞器由两个摆锤通过连接装置固定在间隔棒上，如图 6-9（a）所示，线夹回转式间隔棒在常规间隔棒的基础上将一侧的线夹改为回转式线夹，如图 6-9（b）所示。

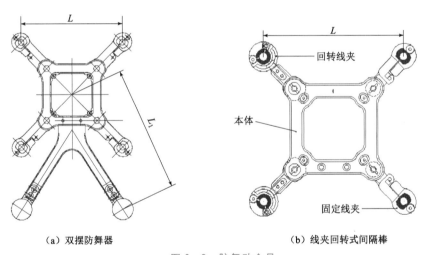

（a）双摆防舞器　　　　　　　　（b）线夹回转式间隔棒

图 6-9　防舞动金具

6.1.4　护线条

护线条是一组预成型的螺旋形铝合金丝或铝包钢丝，缠绕于导线、地线上，用以避免线夹对导线、地线的损伤，增加悬垂线夹出口处的刚度，抑制导线因振动而产生弯曲应变、挤压应力和磨损，提高导线的耐振能力。端部通常制作成鸭嘴形或半球形。护线条起保护导线、地线作用，很少出现故障。

6.1.5　均压环、屏蔽环以及均压屏蔽环

均压环是改善绝缘子串上电压分布的环状防护金具，屏蔽环是使被屏蔽范围内的其他金具或部件不出现电晕现象的环状防护金具，均压屏蔽环兼有均压环和屏蔽环的功能，均

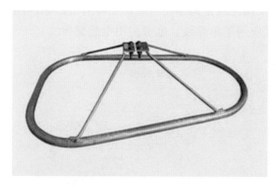

图 6-10　均压屏蔽环

压环、屏蔽环和均压屏蔽环均属于电气防护类金具。500kV 线路常用的均压屏蔽环如图 6-10 所示。

在超/特高压线路中，由多片盘形绝缘子或复合绝缘子组成的绝缘子串很长，在长度方向上的电场分布不均，而靠近导线侧的电场强度最高，导致其劣化率很高。为改善绝缘子串的电场分布，在绝缘子串上加装了均压环。

均压环和屏蔽环通常采用铝管制成，结构形式有圆形、长椭圆形、倒三角形和轮形等。均压环安装时，安装位置需要根据线路电压等级进行电压分布和场强计算。一般情况下，均压环安装在绝缘子高压侧适当的位置上，如 500kV 线路安装在第一片和第二片绝缘子之间，均压环的边缘至绝缘子裙边距离为 150~250mm。

330kV 以上电压的输电线路和变电站，由于电压很高，当导线和金具表面的电位梯度大于临界值时，会出现电晕放电现象。这种现象除消耗一定电量外，还对无线电产生干扰，因此需要加装屏蔽环。加装屏蔽环后，将导线和金具表面的电位梯度降到临界值以下，避免了电晕放电。

在 330kV 及 500kV 输电线路耐张绝缘子串上，为简化均压环和屏蔽环的安装条件，大多将这两种环设计成一个整体，称为均压屏蔽环，同时起到均压和屏蔽作用。均压环、屏蔽环和均压屏蔽环的管表面应光洁无毛刺，达到自身不产生电晕。均压环、屏蔽环和均压屏蔽环的安装均应在架线后附件安装时进行。在施工和检修时均不得脚踏均压屏蔽环，以避免受损变形。

安装在金具串上的均压环、屏蔽环和均压屏蔽环，运行中经常处于振动状态，常会出现其支撑架焊接部位开裂、固定螺栓松动和脱落等故障，导致均压环或屏蔽环偏离运行位置，严重时会发生磨损导线等故障，要加强巡视维护。

6.1.6　案例收集情况

防护金具缺陷和故障主要体现在破断、滑移和部件脱落等方面，共剖析了 12 个案例。

6.2　典型案例之间隔棒故障

6.2.1　间隔棒线夹断裂

1. 案例简述

2020 年 4 月，某单位在开展 500kV 输电线路验收时发现，N153-N154 号档中相第一个 FJZ-445F/500 型四分裂阻尼间隔棒左下线夹断裂，如图 6-11 所示。

断裂间隔棒的整体外观良好，表面光滑无明显划痕和凹坑等缺陷。间隔棒线夹断裂位

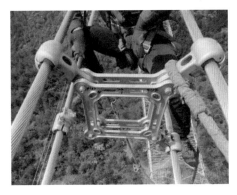 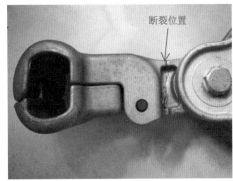

（a）间隔棒线夹断裂　　　　　　　　　　　　　（b）线夹断裂位置

图6-11　间隔棒线夹断裂

置在凹槽处，如图6-11（a）所示。断口较新，无明显塑性变形，断口表面约2/3面积较光滑，如图6-11（b）所示；断口边缘处可见未熔合气孔，如图6-12（a）所示；断口边缘可见较光滑的薄壁，如图6-12（b）所示。

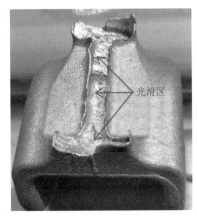 

（a）断口边缘处可见未熔合气孔　　　　　（b）断口边缘可见较光滑的薄壁位置

图6-12　间隔棒断裂线夹断口形貌

2. 故障原因分析

（1）产品

产品外观检查未见异常。间隔棒的主体尺寸符合图纸要求，线夹凹槽的厚度的设计值为6mm，测量断口处的凹槽的厚度约6.1mm，符合图纸设计要求。根据厂家提供资料，间隔棒的材质为ZL102，检测结果表明间隔棒的化学成分符合ZL102的要求。

（2）运行条件

间隔棒在验收时走线过程中即发生断裂，不存在过载的问题。

（3）断口分析

对断口的光滑区和粗糙区进行扫描电镜观察。断口的光滑区平整无撕裂痕迹，如图6-14所示，说明光滑区为铝液凝固时形成的分层；断口的粗糙区无韧窝特征，呈现脆性

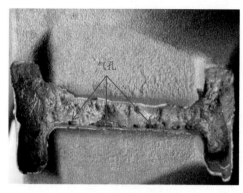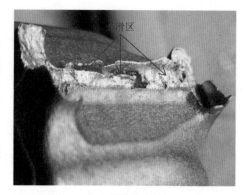

（a）间隔棒线夹断裂　　　　　　　　　（b）线夹断裂位置

图 6-13　断口宏观形貌

断裂，如图 6-15 所示。且断口光滑区的 Si 含量大于粗糙区的 Si 含量。在断口边缘可见光滑凹坑和宏观断口的未熔合气孔位置对应。

　　间隔棒的线夹 X 射线检测结果显示线夹内部存在若干小气孔和疏松状的缺陷。宏观检测结果可见间隔棒的断口约 2/3 面积较光滑，结合电镜观察结果，该光滑区域为铸造过程中铝液凝固时未熔合而形成的分层，该分层的存在严重削弱了线夹的有效承载面积，是导致本次断裂的主要原因，在边缘处可见多个气孔，进一步削弱了线夹的强度。

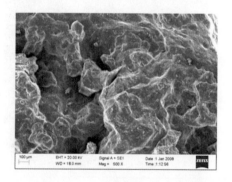

图 6-14　断口光滑区扫描电镜图片　　　　　图 6-15　断口粗糙区扫描电镜图片

　　综上分析，此次间隔棒线夹断裂的原因为，间隔棒线夹在铸造过程中，出现铝熔液的流动前沿之间的熔接面温度和压力偏离工艺窗，造成凝固疏松和气穴集中，从而导致内部隐形缺陷，严重降低了间隔棒线夹的有效承载能力，最终在外力作用下因强度不足发生断裂。

3. 故障/缺陷处理方法

拆除损坏的间隔棒，在同一位置安装新的间隔棒。

4. 防范措施/质量提升建议

（1）优化间隔棒线夹的设计，增加线夹的有效截面。

（2）优化间隔棒线夹的铸造工艺，防止工件在铸造过程中形成未熔合或大气孔等铸造缺陷。

6.2.2　间隔棒阻尼失效、线夹铰链销退出

1. 案例简述

某 500kV 架空输电线路 2016 年底投运，在 2019 年初线路专项隐患排查中，发现该线路存在大面积间隔棒损坏失效缺陷，主要缺陷类型为间隔棒阻尼失效、铰链销退出及导线磨损，如图 6-16～图 6-18 所示。缺陷间隔棒采用八粒柱橡胶十字轴阻尼结构，框架限位方式为框板铸造凸台限位。

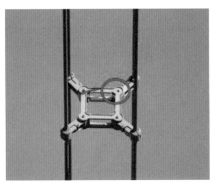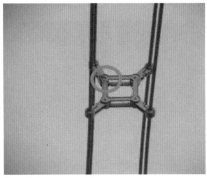

图 6-16　线夹本体与框体螺杆磨损及丢失缺陷

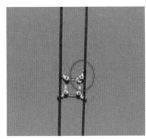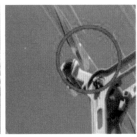

图 6-17　间隔棒线夹铰链销钉脱出线夹磨损导线缺陷

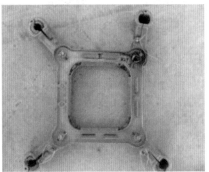

图 6-18　间隔棒阻尼失效缺陷效果图

2. 故障/缺陷原因分析

（1）产品结构设计

就结构型式而言，这两种结构型式间隔棒为定型产品，已在国内大量使用。但是，现场对存在缺陷的阻尼间隔棒进行解体检查，发现如下问题：

1）间隔棒线夹铰链销安装孔为一端开口，多数间隔棒仅对孔边沿进行了冲压变形处理，没有达到深度变形堵口处理要求（如图6-19所示），不能有效防止铰链销退出。在线路运行过程中，线夹握着力下降，铰链销因线夹振动沿销孔方向运动磨损变形堵口而脱出，导致线夹盖板以及胶瓦跌落，致使间隔棒线夹磨损导线。

图6-19　间隔棒线夹铰链销防脱措施不足缺陷

2）间隔棒采用八粒柱橡胶十字轴阻尼结构，利用框架一字形固定槽和十字轴上一字形凸台组成阻尼系统，如图6-20所示。对于特殊风振区，该阻尼系统结构薄弱，制造工艺和耐磨性能存在不足。原因分析如下：框架一字形固定槽和十字轴上的一字形凸台为金属间配合接触，接触面积小，铸铝材质强度低、耐磨性差，在导线大幅次挡距振荡时，十字轴凸台刚性碰撞摩擦框架一字形固定槽，由于十字轴凸台部位尺寸偏小，凸台很快磨损消失，间隔棒阻尼失效。甚至有些框架一字形固定槽被十字轴碰撞摩擦成圆孔，导致间隔棒线夹失去限位和阻尼作用成自由摆动状态。此时，框架限位中线夹尾部限位杆在没有任何缓冲的条件下，与框架板限位凸台刚性碰撞。由于线夹尾部限位杆、框架板限位凸台均

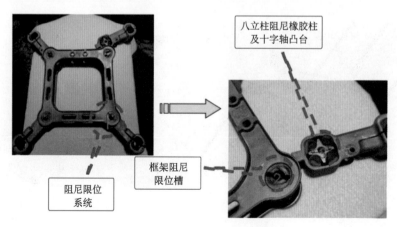

八立柱阻尼橡胶柱
及十字轴凸台

阻尼限位
系统

框架阻尼
限位槽

图6-20　某线路间隔棒限位系统

为铸铝材质且框架限位凸台为空心设计，强度低、抗碰撞磨损能力差，在导线大幅次挡距振荡时，框架限位凸台出现磨损或断裂，整个线夹失去支撑作用，形成自由摆动状态（间隔棒功能丧失过程如图 6 – 21 所示）。

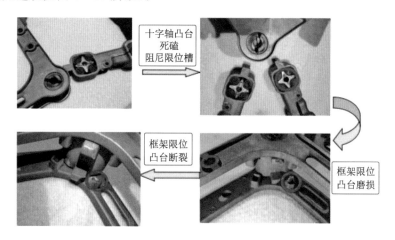

图 6 – 21　某线路间隔棒整体功能丧失过程演示

（2）线路设计

线路所在地区常年风速为 4～18m/s，风力持久且均匀，主导风向与线路走向夹角大于 45°，且该地区地势较为平坦，导线、地线易于发生风致振动。线路设计时，未充分考虑该地区地形和气象特点，65m 的平均次挡距取值偏大，导致次挡距整体过大，加上其他因素使得线路产生次挡距振荡。

（3）现场抽样检测

现场检查，未发现间隔棒施工安装工艺问题；对在运产品进行抽样试验，试验项目包括间隔棒线夹顺线握力、水平方向拉压力和垂直方向拉压力试验，试验结果显示除线夹顺线握力不满足相关标准要求外，其余试验均合格，这表明间隔棒投运 2 年后，在长时间振荡力作用下线夹握着力下降较为严重，导致握着力不足。

（4）综合分析

基于以上分析，认为四分裂间隔棒故障原因如下：

1）线路所属区域为特殊风振区，线路设计气象条件考虑不足，平均次挡距取值偏大，导致间隔棒布置次挡距较大，容易发生大幅度次挡距振荡。

2）间隔棒线夹铰链销防退出措施、阻尼结构固定措施以及框架限位方式不足，抗风载荷裕度较小。

3. 故障/缺陷处理方法

（1）对间隔棒布置重新设计计算和论证，减小平均次挡距，平均次挡距按 45m 设计。

（2）线路全线更换间隔棒，提高间隔棒综合抗风载荷能力。

4. 防范措施/质量提升建议

（1）工程设计

该地区新建输电线路，应对次挡距进行差异化设计，减小平均次挡距；应考虑输电线路特殊风振区对金具的特殊要求，选用抗风载荷能力裕度较大、多年运行业绩良好且间隔棒线夹铰链销防退出措施、阻尼结构固定措施以及框架限位方式、制造工艺精密的优良的产品。

（2）产品设计优化

对间隔棒产品进行设计优化，提高间隔棒整体抗过载能力。将铰链销孔予以封堵，防止铰链销在线夹振动时退出；提高各部件制造精度和配合尺寸精度，改变线夹与框架的固定方式，增加连接刚度，确保导线次挡距振荡时线夹与框架连接处不发生明显的金属磨损；采用性能优良的阻尼橡胶，提高耐振和抗老化性能。

（3）工艺控制

提高间隔棒整体制造标准，改善间隔棒整体制造工艺水平，提高各部件配合尺寸精度；对间隔棒铰链销孔边沿进行有效冲压达到深度变形处理要求，或整体封堵，有效防止铰链销退出。

（4）试验检测

提高技术条件标准和要求，增加工艺检测条款，增加零部件配合工艺检测标准；增加工艺验收条款，增加零部件细部验收条款，提高整体验收标准，加强产品供货抽检，防止不合格产品流入工程。

（5）施工要求

严格按照设计图纸要求安装间隔棒，确保间隔棒所在平面与导线相垂直且橡胶、开口销等部件不缺失并且完好。

6.2.3　间隔棒线夹铰链销退出

1. 案例简述

2018年9月，巡视中发现某500kV同塔双回架空输电线路存在导线间隔棒线夹铰链销退出、盖板跌落以及导线磨损断股现象。随后，通过采用无人机高空巡检和人工巡视相结合方式对全线路开展隐患排查，发现此类间隔棒缺陷共251处，现场故障情况详如图6-22和图6-23所示。该线路导线为$4×JL/LB20A-400/35$铝包钢芯铝绞线。

2. 故障/缺陷原因分析

（1）产品结构设计

该线路使用间隔棒结构型式为双板框架结构，属定型产品，在国内大量应用。

（2）线路设计

线路间隔棒布置平均次挡距偏大，最大次挡距达67m。线路处于沿海地区，地势较为平坦，常年风速8～14m/s，导线、地线易于发生风致振动。防振设计没有根据沿海地区的较特殊地形地貌和气象条件等基础设计条件，进行针对性的有效论证和实际计算。

（3）现场检查

现场对存在缺陷的间隔棒及导线磨损情况进行检查，检查结果如下：

1）导线磨损的主要原因为间隔棒线夹盖板脱落后，线夹内橡胶掉落，线夹本体与导线直接接触，导线振动时与线夹之间发生磨损。

2）缺陷的间隔棒线夹销轴孔存在磨损，形成半圆形凹坑，详见图6-24，这说明缺

(a) (b) (c) (d)

图 6-22　间隔棒线夹盖板缺失、磨损导线

陷间隔棒线夹握着力不足。

3）间隔棒线夹盖板铰链销防退出措施不足。间隔棒线夹铰链销安装孔为一端开口，采用销孔变形防脱措施，而现场检查发现间隔棒线夹铰链销孔变形处理仅对孔边沿进行了冲压变形处理，没有达到深度变形处理要求。

4）该线路间隔棒线夹所用胶垫主要为两种型号，详见图 6-25。其中，一种胶垫侧面印有"FJZ6-375/400"，简称"有字"胶垫；另一种胶垫表面无模印，简称"无字"胶垫。

图 6-23　间隔棒磨损导线断股情况

此次存在缺陷间隔棒的线夹均采用"有字"胶垫。现场检查，发现"无字"胶垫内壁导线痕迹清楚，仅个别存在轻微磨损现象，而"有字"胶垫内壁导线痕迹模糊，表面光滑，磨损较为严重，这说明"有字"胶垫对应间隔棒线夹握着力不足，存在配合尺寸问题。

（4）抽样检测

针对间隔棒线夹胶垫磨损问题，现场抽取两种线夹胶垫进行试验，试验结果如下：

1）自由状态下的间隔棒线夹握力试验。采用"有字"胶垫间隔棒线夹握着力为 200N，采用"无字"胶垫间隔棒线夹握着力为 800N，"有字"胶垫线夹握着力远小于"无字"胶垫线夹。

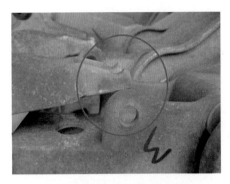

（a）线夹盖板与挡销接触位置处发生磨损　　　（b）线夹挡销孔处发生磨损

图6-24　间隔棒线夹磨损情况

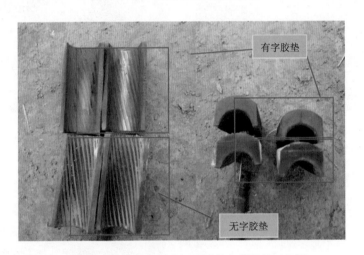

图6-25　两种不同型号间隔棒线夹用胶垫对比图

2）胶垫厚度测试。"无字"胶垫厚度为12mm，"有字"胶垫厚度为11mm，较"无字"胶垫薄1mm。

3）胶垫硬度测试。"无字"胶垫硬度为59HA，"有字"胶垫硬度为69HA，较"无字"胶垫硬度高10HA。同时，刮除胶垫表面的附着物后，胶垫表面可见较新的基体，未见老化现象，说明间隔棒线夹握着力不足不是由胶垫老化引起。

综上所述，此次间隔棒故障主要原因为平均次挡距取值偏大，不能有效抑制次挡距振荡；间隔棒线夹选用胶垫不合理，导致线夹握着力不足，当线路振动时，间隔棒线夹存在顺线方向振动；次要原因为间隔棒线夹铰链销防退出措施线不足，线路间隔棒布置平均次挡距偏大，线路所在地区属沿海地区，地势较为平坦，导线、地线易于发生风致振动（大幅线路次挡距振荡）。

3. 故障/缺陷处理方法

（1）全线路开展间隔棒隐患排查，"有字"胶垫及存在缺陷的间隔棒全部进行更换处理。

（2）依据导线磨损程度，对导线进行修补或更换。

（3）对线路损坏的间隔棒进行更换和安装位置进行调整，重新计算平均次挡距和间隔棒布置方案，按照新计算的设计方案重新安装间隔棒。

4. 防范措施/质量提升建议

（1）校核在运线路间隔棒布置方案。不满足要求时，应根据线路所经路段实际气象条件和地貌，重新对间隔棒次挡距进行计算和验证，减小平均次挡距。

（2）提高技术条件标准，增加工艺检测条款，增加零部件配合工艺检测标准。

（3）加强间隔棒产品抽检，避免不合格品投入使用。今后，该地区线路选用间隔棒时，应考虑输电线路特殊风振区对金具的特殊要求，选用抗风载荷能力裕度较大、多年运行业绩良好并且间隔棒线夹铰链销防退出措施、阻尼结构固定措施以及框架限位方式皆优良的产品。

（4）对间隔棒铰链销孔边沿进行有效冲压达到深度变形处理要求，或进行整体封堵，有效防止铰链销退出。

6.3　典型案例之防振金具故障

6.3.1　预绞式防振锤失效

1. 案例简述

（1）某 220kV 输电线路于 2016 年 1 月投入使用，线路全长 32km，采用预绞式防振锤防振措施。2017 年 5 月，巡视发现部分防振锤锤头掉落。在随后的设备消缺过程中，发现预绞式防振锤线夹位置处的导线存在磨损断股现象。于是，对全线进行了隐患排查，排查结果显示全线共计安装防振锤总数 2222 只，正常仅 316 只，占比 14.2%；导线外层断股 1012 处，占比 45.5%；导线磨损严重 602 处，占比 27.1%；导线两层断股 284 处，占比 12.8%；导线断损至钢芯 8 处，占 0.4%。导线磨损情况详见图 6-26。

（2）2019 年 9 月，巡视发现某 110kV 输电线路存在预绞式防振锤磨损导线缺陷，缺陷数量较多，影响范围广。导线磨损情况见图 6-27 和图 6-28。

2. 故障/缺陷原因分析

（1）产品结构

预绞式防振锤采用三根直径较小的预绞丝固定线夹，线夹对导线的握力不足。当导线出现微风振动时，线夹与导线之间产生间隙并形成跳跃式振动，导致线夹磨损导线。此时，在横向风力（水平力）的作用下，线夹和导线之间产生扭转位移，线夹扭转而磨损导线，如图 6-29 所示。

（2）气象条件

线路所处地势较为平坦，常年风速为 4~18m/s，风力持久且均匀，主导风向与线路走向夹角大于 45°，属线路特殊风振区，导线易发生强烈的微风振动。

（3）线路设计

线路设计时，未充分考虑该地区地形和气象条件，对线路防振措施进行差异化设计和计算，导线防振措施错误选用预绞式防振锤，单纯依靠防振锤存在一定的风险。

（a）预绞丝磨损线夹　　　　　　　（b）线夹磨损导线

（c）线夹磨损导线　　　　　　　　（d）线夹磨损导线

（e）线夹磨损导线　　　　　　　　（f）线夹磨损导线

图 6－26　220kV 输电线路预绞式防振锤磨损导线

图 6-27　110kV 输电线路预绞式防振锤磨损导线

图 6-28　110kV 输电线路预绞式防振锤线夹磨损

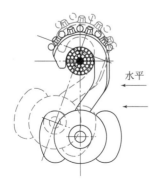

图 6-29　预绞式防振锤线夹与导线间的相对位移

（4）综合分析

基于以上分析，上述两起缺陷的主要原因可概况为：线路微风振动较为严重，导线防振措施选用预绞式防振锤，预绞式线夹握着力不足，导致预绞式线夹上下振荡和扭转，造成导线磨损断股，预绞式防振锤所存在的固有缺陷不适合安装在导线上。

3. 故障/缺陷处理方法

（1）全线拆除预绞式防振锤，对受损严重的线路更换导线，受损轻微的线路，对导线进行修补。

（2）对线路防振方案进行差异化设计，采用阻尼线加防振锤联合防振措施。

（3）加强防振锤抽检，选用合格产品，该地区严禁使用预绞式防振锤。

4. 防范措施/质量提升建议

针对地势平坦、风力持久均匀地区的输电线路采用差异化防振设计，建议如下：

（1）采用阻尼线加防振锤联合防振方式。

（2）新建线路导线上不宜使用预绞式防振锤。

（3）对已安装预绞式防振锤的线路进行全面隐患排查，对于存在导线磨损缺陷的，应尽快更换为螺栓式防振锤。

（4）完善预绞式防振锤的相关技术要求，补充预绞式线夹综合破坏试验及检测标准和检测条款。

6.3.2　常规线夹式防振锤脱落与滑移

1. 案例简述

2019 年，在某 220kV 输电线路巡视过程中，发现该线路多处防振锤锤头掉落和防振锤线夹磨损导线现象，如图 6 - 30 和图 6 - 31 所示。该线路为同塔双回 220kV 线路，导线型号为 JL/G1A - 630/45，每相导线采用双分裂垂直排列结构，防振锤采用老式的 FD - 6型，防振锤线夹为钢板螺栓型，锤头为筒（管状）型。

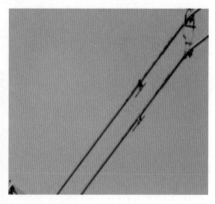

图 6 - 30　导线防振锤锤头断落

2. 缺陷原因分析

现场进行线路隐患排查，结果显示线路所处地区常年风速为 5～18m/s，且持续时间较长，主导风向与线路走向夹角大于 45°，属线路微风振动易发区；线路挡距较大，平均挡距 400m；线路采用单一的防振锤防振措施，防振能力不足；导线用 FD-6 型防振锤为早期产品，锤头与钢绞线焊接，易于疲劳，目前已淘汰。早期 FD 型防振锤主要用于小截面导线上，这种筒形状的防振锤不宜做成体积和重量过大的产品，特别是在强微风振动地区不宜使用 FD 型防振锤，其竹筒形状会与钢绞线碰撞影响防振效果。

基于现场检查结果，综合考虑线路沿线气象条件和防振锤产品结构，认为该线路防振锤脱落的主要原因为：线路所处区域属线路微风振动易发区，线路防振方案设计时对地形、气象条件和

图 6-31　断落的防振锤锤头

防振措施考虑不足；防振设计所选防振锤型号不当，防振锤锤头与钢绞线连接采用的焊接工艺易使钢绞线退火，造成疲劳脱落。

3. 故障/缺陷处理方法

(1) 全线更换防振锤，对线路防振方案进行重新设计，防振方案应选用阻尼线加防振锤联合防振措施。

(2) 加强防振锤抽检，选用合格产品。

4. 防范措施/质量提升建议

为避免此类故障再次发生，确保该线路安全稳定运行，建议如下：

(1) 对线路防振措施进行重新设计和验证试验，建议采用阻尼线加防振锤联合防振措施。挡距小于 350m 时，采用一个防振锤防振；挡距大于等于 350m 时，采用规格（重量）不同的两个防振锤防振且大防振锤安装在杆塔侧；防振锤安装在阻尼线花边内部。

(2) 测量导线弧垂，核算导线平均张力。在线路弧垂满足对地距离的条件下，适当提高导线安全系数以降低平均运行应力，提高导线自阻尼性能。

6.3.3　阻尼线系统故障

1. 案例简述

2012 年 10 月，巡视中发现某 ±500kV 线路大跨越南、北直跨塔临江侧部分地线阻尼线线夹与地线脱开，线夹悬挂于阻尼线上，如图 6-32 所示。经现场隐患排查，共计发现 6 只地线阻尼线线夹存在此类问题。具体缺陷情况如下：

(1) #1175（江南大跨）直跨塔，大号侧 1 只地线阻尼线线夹（自江面往杆塔方向计数为第 3 只）与地线脱开，线夹悬挂于阻尼线上。

(2) #1176（江南大跨）直跨塔，小号侧 1 只地线阻尼线线夹（自江面往杆塔方向计数为第 4 只）脱落。

(3) #1417（江北大跨）直跨塔，大号侧 2 只地线阻尼线线夹（自江面往杆塔方向计数为第 2 只、第 4 只）与地线脱开，线夹悬挂于阻尼线上。

(4) #1418（江南大跨）直跨塔，小号侧 2 只地线阻尼线线夹（自江面往杆塔方向计

数为第 2 只、第 4 只）与地线脱开，线夹悬挂于阻尼线上。

图 6 - 32　大跨越地线
阻尼线线夹脱落

2. 故障/缺陷原因分析

（1）产品设计

经对同批次未损坏线夹进行检查和试验，未发现设计和质量问题。

（2）施工安装

经现场检查，结合同批次产品试验结果，综合分析认为此次地线阻尼线线夹脱落的主要原因为阻尼线安装不规范，长期运行过程中螺母松动螺栓退出，引起线夹脱落。

3. 故障/缺陷处理方法

补装已脱落的地线阻尼线线夹，对其他线夹的螺栓进行紧固。

4. 防范措施/质量提升建议

（1）对线夹紧固部件进行防松动设计，例如采取增加橡胶圈、双螺母螺栓措施。

（2）加强现场施工工艺质量把控，按图施工。

（3）加强巡视，重点排查螺栓松动隐患，及时消缺。

6.4 　典型案例之防舞金具故障

6.4.1 　相间间隔棒断裂

1. 案例简述

案例 1：2010 年 11 月 20 日，巡视中发现某 500kV 紧凑型线路 I 回 #448 - #449（挡距为 434m）第 7 导线间隔棒处安装的相间间隔棒下相端球头断裂；Ⅱ回 #445 - #446（挡距为 469m）第 7 导线间隔棒（相间间隔棒下相端）框架断裂，相间间隔棒脱开。这两挡线路均位于风口区，是典型的微地形、微气象区，属易舞及风偏区段。缺陷情况见图 6 - 33。

案例 2：2010 年，某 500kV 紧凑型线路部分易舞动及风偏区段相间间隔棒中相端球头及中相端配套导线间隔棒框架频繁发生断裂。该线路于 2005 年 10 月 28 日投运，导线采用 LGJ - 300/40 钢芯铝绞线，三相导线按等边倒三角形布置。自从线路投运以来多次发生线路舞动跳闸，于 2007—2008 年在易舞及风偏区段进行了线路防舞措施改造，安装了相间间隔棒，有效地防止了线路舞动跳闸。缺陷情况见图 6 - 34。

2. 缺陷原因分析

相间间隔棒端部采用球头连接结构。一般情况下，相间间隔棒本身不承受较大的力，只有在导线舞动或不同步摆动的情况下，才受到一定的拉压交变力。在紧凑型线路上应用

图 6-33　500kV 紧凑型线路用相间间隔棒断裂

图 6-34　500kV 紧凑型线路用导线间隔棒与相间间隔棒断裂

相间间隔棒，安装后的状态主要为水平和斜置。由于相间间隔棒本身的重力作用，斜置安装的下球头以及水平安装的两个球头均抵靠在球窝的下沿，基本没有继续向下活动的裕度，这种情况尤以斜置安装的最为严重，如图 6 - 35 所示。

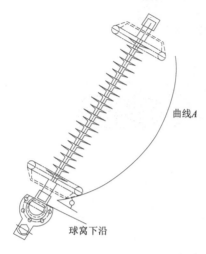

曲线A

球窝下沿

图 6 - 35   斜置安装的相间间隔棒状态

从图 6 - 35 中看出，对于斜置安装的相间间隔棒，理想状态下相间间隔棒的球头与水平夹角应为 60°，球头应沿相间间隔棒轴向插入球窝。由于球窝比球头略大，球头在球窝中有一定活动裕度。但是，现场运行的相间间隔棒，其形态在重力作用下基本呈现曲线 A 样式，球头被挤压至球窝下沿，没有继续向下的活动空间，球窝下沿形成相间间隔棒的支点，导致相间间隔棒球头球窝形成刚性连接，这一现象对于相间间隔棒下端尤为严重。当导线受到风力作用产生水平、垂直甚至纵向方向的运动时，相间间隔棒受到挤压，上导线以相间间隔棒为杠杆，以下端球窝下沿为支点，对球头形成弯矩作用。由于下球头活动空间受限，使该弯矩对球头的作用力较大，多次往复造成球头疲劳断裂。

在后期的改造中，虽然提高了相间间隔棒连接金具球头的抗弯强度，保证了球头不发生弯曲变形断裂，但是随后发现与其配套的导线间隔棒支架和本体发生损伤。这也表明，连接金具为球窝式的相间间隔棒，其结构存在不合理性。具体而言，该结构相间间隔棒两端的连接金具（包括球头与球窝、球窝与导线间隔棒）间呈现刚性连接。当导线在风力作用下运动时，拉压力无法有效释放。此时，加强球头抗弯强度措施，只会对系统中另外的相对薄弱环节（例如导线间隔棒）形成弯矩或拉应力集中作用点，进而造成破坏。

综合上述分析，考虑线路所在地区为线路易舞及风偏区段，认为上述线路用相间间隔棒的球头球窝结构不合理，需进行改进。

3. 故障/缺陷处理方法

对上述区段内全部相间间隔棒以及部分受损导线间隔棒进行更换，对相间间隔棒连接金具结构形式进行优化处理，避免相间间隔棒两端的连接金具间形成刚性连接。

4. 防范措施/质量提升建议

当前，相间间隔棒运行中产生的缺陷，主要集中在配合金具上，即球头球窝结构不合理。基于运行经验和试验研究结果，防范措施及质量提升建议如下：

（1）相间间隔棒采用四点连接的可调式金具和环式连接结构，导线间隔棒采用一体式支架结构。

（2）改进相间间隔棒配套金具强度和连接方式，选用单板结构的导线间隔棒。

（3）相间间隔棒的弯曲刚度很小，对于相间距离较大的线路，可以使用无支撑作用的相间防舞器具。

（4）制定适用于相间间隔棒的专用金具标准。

6.4.2 相间间隔棒线夹损伤磨断导线

1. 案例简述

2013 年 10 月 12 日下午，某 110kV 同塔双回（三相导线垂直排列）输电线路一回线跳闸，重合闸不成功，强送失败，故障巡查发现#22 -#23B 相导线断线，详见图 6 - 36 和图 6 - 37。

图 6 - 36 垂直排列三相导线用相间间隔棒

图 6 - 37 导线受损断线

2. 故障/缺陷原因分析

（1）产品结构及设计

用于线路防舞相间间隔棒目前尚未形成统一的设计标准，大部分整体外形相似，但结构型式多样，连接金具也各不相同。目前，相间间隔棒采用中部以棒式复合绝缘子作为支撑部件，两端采用刚性方式与分裂导线间隔棒相固定的方式，当导线间距因弧垂不一致、风偏、舞动等原因发生变化时，相间间隔棒连接距离无法进行相应调整，对导线产生刚性约束，在一定条件下造成导线损伤。

（2）线路设计

目前，应用相间间隔棒进行线路防舞设计没有统一的设计规范，设计人员多根据产品外形，考虑将三相导线连接固定，未考虑相间间隔棒与导线的刚性连接对导线的损伤。该故障所涉及的两支间隔棒安装在导线的同一位置，运行中该处导线长期受到两个线夹引起的剪力作用，导致导线铝线发生疲劳断股，铝截面积不断减小，大部分负荷电流通过导线钢芯，钢芯温度升高强度下降，在大张力及剪力共同作用下断裂，引起断线故障，如图6-38 所示。

图 6-38　相间间隔棒布置及夹具连接情况

3. 故障/缺陷处理方法

全线检查相间间隔棒导线固定夹具处导线受损情况，将全线相间间隔棒更换为导线夹具为柔性连接型式的相间间隔棒。

4. 防范措施/质量提升建议

（1）进一步完善导线防舞动措施设计，满足工程实际需要。

（2）将相间间隔棒分开一定距离布置，避免出现剪力。或者将中相导线的相间间隔棒线夹做成一体，也可减少剪力出现。

（3）链式连接要注意在受压工况下对导线的接触磨损。柔性端可朝上，下端应刚性，可以避免磨损导线。

6.4.3　相间间隔棒均压环磨损导线

1. 案例简述

线路巡查发现某 220kV 同塔双回线路（相分裂导线水平排列）相间间隔棒均压环存在触碰导线现象。为避免导线磨损，全线停电进行隐患排查，排查结果显示该线路多处相间间隔棒均压环存在磨损导线情况，如图6-39~图6-41 所示。

2. 故障/缺陷原因分析

（1）产品结构及设计

该线路工程相间间隔棒采用复合绝缘子，套用原"相—地"工况所用均压环，均压环尺寸偏大，相间间隔棒功能未经过试验验证。

（2）工程设计

设计人员用两支相间间隔棒与三相导线连接固定，没有考虑安装工况和各种运行工况下相间距离的变化，未校核极限条件下均压环和导线的相对位置，导致运行中均压环与导线相碰。

（a）　　　　　　　　　　　　（b）

图 6-39　导线相间间隔棒上的均压环磨损导线

（a）　　　　　　　　　　　　（b）

图 6-40　相间间隔棒上的均压环磨损导线至断股

（3）施工安装

因设计单位未提供详细的施工图，施工单位安装时没有明确的安装标准，上下两端安装工人重量不一致导致导线弧垂增加量也不同（如图 6-42 所示），在此条件下安装的相间间隔棒待安装工人撤离后会承受拉力或压力作用，当承压时，复合绝缘子端部均压环与导线相碰，运行不断磨损，最终将铝股磨断。

3．故障/缺陷处理方法

取消相间间隔棒上的均压环，更换相间

图 6-41　导线加装相间间隔棒后，
间隔棒均压环磨压导线损伤

间隔棒的连接金具，采用可调整长度的连接金具，重新调整相间间隔棒的安装位置。

4．防范措施/质量提升建议

（1）设计院应提供详细的、规范的施工设计说明书及施工图等齐全的设计资料，并应进行施工交底。

图 6-42　安装人员重量与导线下垂成正相关

（2）采用相间间隔棒防舞动设计时，应对原线路设计资料进行仔细阅读了解，必要时应到现场实地进行踏勘和测量，对相导线间和回路间的线间距离进行准确测量，掌握详细原始资料。

（3）根据挡距大小不同情况，设计相间间隔棒安装数量和安装位置，根据安装位置及导线弧垂变化的影响，确定相间间隔棒的长度及安装尺寸。

（4）设计时，应考虑相间间隔棒端头与分裂导线的连接方式，对连接方式应进行必要的碰撞试验和验证，确保连接部位不与导线碰撞和摩擦接触。相间间隔棒端部的连接方式，应采用最新标准推荐的连接方式，或采用可调节长度的连接金具，方便安装和运行。

6.4.4　双摆防舞器损坏

1. 案例简述

2018 年 12 月，巡视发现某 220kV 架空输电线路存在一处双摆防舞器间隔棒线夹与导线脱开、导线磨损断股的严重缺陷，48 股导线已断 12 股，断股截面占铝截面的 25%。随后，对全线双摆防舞器开展隐患排查，共发现双摆防舞器缺陷共 73 处，其中双摆防舞器间隔棒线夹与导线脱开 24 处、磨损导线断股 3 处、双摆防舞器跑位 1 处、双摆防舞器螺栓松动 11 处、风振异响 32 处、双摆防舞器转轴螺栓磨损 2 处，缺陷情况详见图 6-43～图 6-45。

2. 缺陷原因分析

（1）产品及线路设计

线路导线为垂直排列双分裂导线，防舞器采用垂直双分裂双摆防舞器，间隔棒线夹铰链销防退出措施为对销钉孔进行冲压变形处理，详见图 6-46。双摆防舞器是根据稳定性机理设计，由线路防舞动摆锤、摆臂及其安装载体导线间隔棒组成。通过增加对称配重，改变线路结构参数，来抑制不平衡覆冰及风激励下的线路舞动。

（2）现场检查

现场对存在缺陷的双摆防舞器及导线磨损情况进行检查，检查结果如下：

1）该型双摆防舞器间隔棒线夹铰链销防退出措施不足，仅对铰链销钉孔边沿进行了

（a）上端线夹铰链销退出　　　　　　　（b）下端线夹铰链销退出

（c）导线磨损断股

图 6-43　双摆防舞器间隔棒线夹铰链销退出

 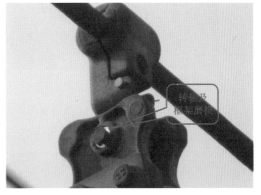

图 6-44　双摆防舞器间隔棒线
夹销钉穿孔磨穿

图 6-45　双摆防舞器间隔棒上线
夹中间转轴及框架磨损

冲压变形处理，没有达到深度变形处理要求，如图 6-47 所示。当间隔棒线夹握着力不足且线路存在振动时，间隔棒线夹及铰链销存在顺线方向振动，进而发生铰链销退出，线夹盖板跌落，磨损导线。另外，线夹握力不足，会导致挡销和盖板发生振动磨损。

2）该型双摆防舞器间隔棒线夹通过橡胶垫、销轴和铰链销实现握紧，而部分已损坏的防舞间隔棒显示线夹销轴处轴孔严重磨损扩大甚至磨穿，详见图 6-48。

（3）双摆防舞器功能分析

（a）整体结构　　　　　　　　　　　（b）线夹局部放大

图 6－46　双摆防舞器结构图

（a）铰链销孔冲压变形工艺　　　　　　　（b）铰链销退出

图 6－47　间隔棒线夹铰链销钉孔边沿冲压变形处理

（a）销轴磨损　　　　　　　　（b）线夹盖板与销轴接触处磨损

图 6－48　间隔棒线夹磨损

本线路工程相导线采用双分裂垂直排列型式。加装双摆防舞器后，会在间隔棒夹头处形成一个新的波节点。当线路产生风致振动时，导线会在防舞间隔棒线夹出口处及新增加的波节点处产生较强烈的交变应力。随着线路振动强度不断增加，双摆防舞器产生扭动，导致间隔棒线夹同时受到振动力和扭力。在滞后振动的惯性力作用下，线夹承受较大的振动力，促使挡销与挡销轴孔产生碰撞摩擦，挡销轴孔直径不断扩大，线夹握着力不断下降，严重时线夹挡销处磨损穿孔，线夹盖板开启，导致线夹与导线分离脱开，磨损导线。如果双摆防舞器下导线线夹失效脱落，双摆防舞器将会直接落在（骑在）下导线上，将直接磨损下导线。另外，当线夹铰链销防退出措施不足时，线夹铰链轴销与轴孔在扭转振动作用下，会产生不均匀间隙引起的碰撞摩擦，轴孔防退凸台被撞击摩擦而使孔径不断扩大，最终导致线夹铰链销退出，线夹盖板掉落，磨损导线。

（4）综合分析

综上所述，该线路工程所采取的防舞动设计方案不合理，采用安装双摆防舞器作为防舞动措施的方法不当，造成故障隐患，是导致双摆防舞器损坏和导线磨损出现事故的主要原因；而所选用的双摆防舞器悬挂方式为间隔棒结构，双摆防舞器间隔棒线夹各活动部位轴销（挡销）、轴孔配合工艺粗糙，存在质量缺陷，当间隔棒线夹上受到过大的振动力时，质量缺陷扩大，导致铰链销退出、线夹盖板掉落，最终出现磨损导线的事故，此为次要原因。

3. 故障/缺陷处理方法

重新进行防舞设计，拆除不必要的双摆防舞器；依据导线磨损程度，对导线进行修补或更换。

4. 防范措施/质量提升建议

对于垂直排列双分裂导线，建议慎用双摆防舞器。同时，对间隔棒铰链销孔边沿进行有效冲压达到深度变形处理要求，或整体封堵，有效防止铰链销退出。

第 7 章

其 他

7.1 简介

其他金具典型缺陷和故障主要体现在 U 形环横向受力、线夹脱落或损坏、铝管式刚性跳线的铝管脱落和弯曲等方面，共收集 6 个典型案例。

7.2 典型案例之 U 形环横向受力

1. 案例 1

（1）案例简述

2019 年 1 月，在某 220kV 输电线路改造后登杆验收时发现地线 U 形挂环与#63 杆塔地线挂点挂板摩擦（如图 7-1 所示）。#63 塔为原有塔，#62 为新建铁塔，由于#62 新建铁塔高度较高，#62 与#63 挂点高差变化，导致地线 U 形挂环与#63 杆塔地线挂点挂板角度不匹配。

（2）缺陷或故障原因分析

1）工程设计

线路工程设计时未充分考虑改造后的新建杆塔与原有塔的高差，未考虑杆塔高差变化时，对应调整地线支架挂点挂板的火曲角度，导致地线 U 形挂环与杆塔地线挂点挂板摩擦。

2）施工

施工单位在施工过程中发现地线 U 形挂环与杆塔地线挂点挂板摩擦的问题，没有及时向设计部门反馈并消缺。

图 7-1　杆塔地线挂点挂板
与 U 形挂环摩擦

（3）缺陷/故障处理方法

重新设计校正杆塔地线支架挂点挂板的火曲

角度，更换挂点挂板。

（4）防范措施/质量提升建议

1）设计优化

建议针对进行改造区段杆塔，设计单位应加强现场勘查，特别是要考虑原有塔和新建塔之间挡距、高差、线路转角等发生变化后现场金具的安装情况，应进行实际论证和验算。必要时可以通过试组装判定设计方案是否符合要求。

2）施工要求

施工单位在施工过程中要严把施工质量关，认真开展三级自检工作，及时发现并解决施工过程中产生的缺陷和隐患。

3）运维要求

运维单位在工程投运前，应制订验收方案，组织人员认真验收。

2．案例 2

（1）案例简述

某±500kV 架空输电线路 ♯0364 和 ♯0367 塔，在验收时发现，耐张绝缘子串挂点位置，存在 U 形环横向受力现象，如图 7 - 2 所示。

| （a）♯0364塔极2大号侧挂点金具 | （b）♯0367极1大号侧挂点 |

图 7 - 2　U 形环横向受力

（2）缺陷/故障原因分析

1）工程设计

线路工程设计时未充分考虑该线路转角塔挂线板的角度问题，导致 U 形挂环与杆塔挂点挂板间接触而横向受力。

2）施工

施工单位在施工过程中发现 U 形挂环与杆塔挂点挂板间距离不足，横向受力，没有及时向设计部门反馈并消缺。

3）运维

运维单位在验收时发现该缺陷，上报消缺。

（3）缺陷/故障处理方法

重新设计杆塔导线挂点挂板的长度及开口方向，更换挂点挂板。

（4）防范措施/质量提升建议

1）设计优化

建议针对类似杆塔，设计单位应加强设计结构校验，特别是要考虑耐张转角塔与挂线金具的现场安装情况，应进行实际论证和验算。必要时可以通过试组装判定是否符合要求。

2）施工要求

施工单位在施工过程中要严把施工质量关，认真开展三级自检工作，及时发现并上报缺陷和隐患。

3）运维要求

运维单位在工程投运前，应制订验收方案，组织人员认真验收。

7.3　典型案例之地线防雷侧向避雷针线夹处损伤

1. 案例简述

某 500kV 线路 Ⅰ、Ⅱ线为同塔双回线路，在一次专项检查中发现安装防雷侧向避雷针的地线有 1 处断股，后期地线落地检查时再次发现铝包钢地线断股 6 处，光纤复合架空地线（OPGW）断股两处，给线路的运行带来了重大安全隐患。

2. 缺陷/故障原因分析

（1）产品设计

对部分安装防雷侧向避雷针线夹边缘未断的线股进行宏观观察，可以看到边缘存在明显的塑性挤压痕迹，甚至有的边缘形成沟槽，有的存在铝层损伤，但没有发现扩展中的裂纹缺陷，如图 7-3～图 7-9 所示。后送检四支防雷侧向避雷针内表面检查发现侧针边缘突变处均有明显的摩擦挤压痕迹，说明该位置线夹处地线（OPGW）有损伤，疲劳寿命大幅降低，因此这些位置为地线疲劳破坏的易发位置。

（2）工程设计

在地线的 15m、30m 处安装防雷侧向避雷针，相当于在地线上固定了一定质量和扭转惯性矩的重物，地线振动时，造成该点动态应力增大，加速地线疲劳的发生。

图 7-3　防雷侧向避雷针边缘挤压变形痕迹

图 7-4　防雷侧向避雷针边缘形成的凹痕

图 7 - 5　防雷侧向避雷针边缘形铝层脱落

图 7 - 6　防雷侧向避雷针处线夹与地线接触磨损

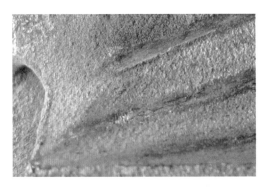

图 7 - 7　防雷侧向避雷针线夹磨损挤压痕迹

图 7 - 8　防雷侧向避雷针边缘铝层的破坏

3. 缺陷/故障处理方法

对受损地线进行更换。

4. 防范措施/质量提升建议

（1）建议对于安装防雷侧向避雷针的区段进行检查，发现损伤应及时更换地线，以保证运行安全。

（2）设计优化

优化防雷侧向避雷针线夹，将防雷侧向避雷针与防振锤进行复合设计，或者不用防雷侧向避雷针。

（3）工艺控制

对产品表面尤其是接触地线的部位的制造工艺控制，保证表面符合设计图纸的要求。

图 7 - 9　防雷侧向避雷针
边缘挤压变形痕迹

7.4　典型案例之"三变一"线夹断裂

1. 案例简述

2019 年 1 月，某±800kV 架空输电线路 ＃3450 极 Ⅰ 小号侧铝管式刚性跳线的铝管与引流线连接处三根子导线脱落，见图 7 - 10，极 Ⅱ 侧未发现异常。运维单位随即安排无人机详细检查，确定该处缺陷为焊接在铝管式刚性跳线铝管上的"三变一"线夹脱焊断裂，导致三根子导线脱落。

　　铝管式刚性跳线的铝管与"三变一"线夹采用氩弧焊角焊缝的连接方式，断裂位置为角焊缝焊接接头处，断口两侧宏观形貌如图7-11所示。经查，该铝管式刚性跳线的铝管与线夹发生断裂前未有过热过负荷记录，表面及断口处无熔化和变黑等情况。

（a）线夹脱落全景

（b）线夹脱落局部

图7-10　"三变一"线夹脱焊断裂

（a）断口全貌

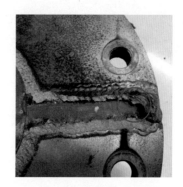

（b）断口局部

图7-11　"三变一"线夹断口形貌

　　该区域高差明显，地形起伏较大，见图7-12，属于微气象区，#3450位于山体半山腰，常年风速较大。

　　2. 缺陷/故障原因分析

　　（1）产品设计及生产

　　对该耐张塔极Ⅰ铝管式刚性跳线的铝管焊缝断裂进行失效原因分析。可以观察到铝管与焊缝填充金属未熔合区长度占比极高，肋板与焊缝填充金属只有少量熔合。未熔合缺陷会明显减少承载截面积，导致焊缝处应力集中严重。根据GB/T 22087—2008《铝及铝合金的弧焊接头缺欠质量分级指南》要求，大于3mm的未熔合属于不允许存在的缺欠，而该处角焊缝接头未熔合区域远超过3mm。

　　此处铝管式跳线的铝管、法兰盘和肋板的厚度均超过8mm，选择不开坡口进行焊接不合理，易形成未熔合和未焊透，导致焊缝强度降低。而且标准规定当铝管线的厚度超过8mm，宜采用多层焊接，此处使用单层焊工艺，更易出现焊接缺欠。

（a）#3450一侧通道地形

（b）#3450另一侧通道地形

图 7 - 12　#3450 通道地形

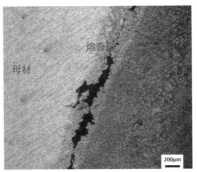

图 7 - 13　Ⅰ区域焊接接头各区金相照片（50×）

图 7 - 13 为角焊缝各区金相照片，在焊缝和母材均出现明显的间隙，熔合线边缘热影响区范围窄，证实由于焊接时热输入过低，导致焊缝填充金属与母材未熔合，接头产生未熔合缺陷。

因此该铝管式刚性跳线的铝管与线夹焊缝处断裂主要原因如下：

"三变一"线夹与铝管式刚性跳线的铝管的焊接过程中，热输入过小，导致焊接接头出现大面积未熔合；焊接接头结构设计不符合标准，焊前未对母材进行开坡口处理，仅采用单层焊接；焊接接头两侧母材属不同系列铝合金，化学成分和性能相差大，选材不合理，增加了焊接难度。

（2）环境

由运维经验可知，#3450 位于山体半山腰，常年风速较大，故障发生前三年未发生舞动和明显覆冰现象，线夹未发生锈蚀，由此推断风力是造成本次故障的主要外部原因。

3．缺陷/故障处理方法

拆除线路#3450 塔跳线极Ⅰ小号侧铝管式跳线的铝管，利用±800kV 线路备件的铝管式跳线的铝管配件截短，更换新铝管式跳线的铝管的处置方案。

4．防范措施/质量提升建议

（1）对相同批次的铝管式跳线的铝管与线夹焊接位置进行监督检查，发现存在裂纹等缺陷应立即更换。

（2）质量体系

加强对输电线路铝合金焊接件的金属技术监督力度，通过对产品入网前进行焊接接头质量检验，保证入网设备质量可靠。

（3）运维

加强对线路微地形区段耐张线夹的无人机巡检，发现隐患和缺陷时及时处理。

7.5　典型案例之铝管式跳线的铝管接头滑脱

1. 案例简述

2018 年 2 月，发现某±800kV 架空输电线路#3111 极 I 铝管式跳线的铝管接头出现滑移现象，两只铝管接头均从接头型间隔棒脱落，端部滑移至相邻支撑间隔棒，且铝管式跳线的铝管有脱落的危险，见图 7-14。

（a）铝管脱落全景　　　　　　　　　　　　　（b）铝管脱落局部

图 7-14　铝管式跳线的铝管接头滑脱

2. 缺陷/故障原因分析

（1）产品设计及生产

两端的软质跳线弧度较小，张力过大，造成硬质跳线连接处受到较大的拉力。

（2）工程设计

跳线接头设计存在风险。铝管式跳线的铝管通过铝管接头进行对接，在铝管式跳线的铝管外侧通过接续间隔棒增大接头摩擦力的方式进行紧固，但未在接头位置设计用于防止接头滑移的机构。当作用于铝管式跳线的铝管上轴向拉力大于接头位置摩擦力的时候就会导致铝管接头滑移甚至脱开。

（3）施工

现场检查发现接续间隔棒、支撑间隔棒的螺栓存在不同程度的松动，施工阶段存在螺栓未紧固到位的可能性。

3. 缺陷/故障处理方法

现场通过停电对脱落和松动的铝管进行复位和紧固。

4. 防范措施/质量提升建议

（1）建议对相同批次的铝管式跳线的铝管位置进行监督检查，发现存在脱落或松动应立即处理。

（2）工程设计

刚性跳线有笼式跳线和铝管式跳线两种类型，建议尽量采用笼式跳线，减少接续节点，提高工程可靠性指标。

特高压工程跳线长度大，需要采用工厂预制两节现场组装，建议设计专用的铝管接头，铝管接头有铝管内接头和铝管外接头两种，见图 7-15，铝管内接头是放在两节断开铝管内腔用于固定两节铝管，变电站工程用铝管内接头放置在两节铝管内腔后要进行焊接，使两节铝管和内接头焊接在一起，但线路工程施工现场无法进行焊接，因此内接头只能用于定位两节铝管，然后铝管外部通过铝管外接头握着铝管把两节铝管连接起来。两节铝管势必影响了铝管的整体导流性和轴向强度。

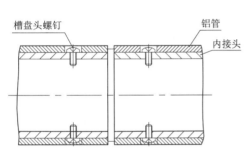

（a）铝管内接头剖面图　　　　　　　　　　（b）铝管内接头三维造型

图 7-15　建议的专用铝管接头

（3）施工

施工时应注意软线与铝管的连接自然，适当留有小弧垂，保证在最低温工况下仍有较小的弧垂，引流线要自然流畅美观，重锤按图安装，使铝管不弯曲变形。

（4）运维

建议加强对铝管式跳线的无人机巡检力度，发现隐患和缺陷时应及时处理。

7.6　典型案例之耐张塔铝管式刚性跳线弯曲

1. 案例简述

2013 年 3 月，发现某±800kV 架空输电线路♯2648 耐张塔极Ⅱ侧铝管式刚性跳线有水平方向往杆塔内侧弯曲现象。地面观察水平方向弯曲比较明显，垂直方向无异常弯曲变形，登塔后近距离观察未见铝管硬跳线接头处有相对滑移或开裂情况，极Ⅰ侧未发现异常，见图 7-16。

图 7 - 16　♯2648 铁塔两侧跳线变形情况

2. 缺陷/故障原因分析

（1）产品设计

未考虑到该铝管在耐张塔角度较大时，因铝管的水平横向受力过大，导致变形。

（2）工程设计

♯2648 耐张塔转角度数过大、跳线弧垂较小，即水平横向力较大，是导致该耐张塔极Ⅱ侧铝管跳线在运行中产生水平方向弯曲的外因。

（3）施工

现场检查发现接续间隔棒螺栓存在不同程度的松动，施工阶段存在螺栓未紧固到位的可能性。

（4）运维

未能及时发现铝管承受能力不足的问题，直到巡视时发现其受力过大变形才做调整。

（5）环境

因特殊地理环境，导致耐张塔角度过大，超出了铝管承受能力导致其弯曲。

3. 缺陷/故障处理方法

将弯曲的铝管进行更换并紧固螺栓。

4. 防范措施/质量提升建议

（1）增加销钉数量，现有接续间隔棒上的销钉只能增强接头的轴向抗拉能力。增加 2 点销钉后，单根铝管与接续间隔棒水平方向各有 2 点销钉固定，当铝管一端受到软线的水平方向弯曲力作用时，增加的销钉固定点将产生方向相反的力与之平衡，避免铝管跳线整体弯曲变形，如图 7 - 17 所示。因此该结构能弥补铝管接头抗弯能力不足的缺点，从而有效提高铝管硬跳线接头的整体力学性能。

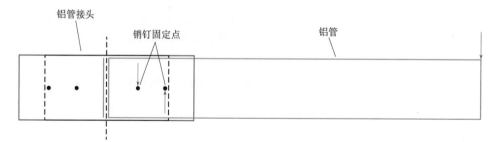

图 7 - 17　铝管接头改进图

（2）工程设计

建议给出铝管适用的耐张塔角度最大值，对超出角度的铝管做特殊设计，降低故障率。

（3）工艺控制

严格把控铝管质量，检测铝管的各种性能，以便于适应实际环境，避免事故发生。

（4）运维

建议现场检查运行中的铝管式刚性跳线两端软线的弧垂和线长，按设计要求适当放松跳线，以减小对铝管硬跳线的水平横向作用力。安装时采用力矩扳手和防松螺栓，避免安装时螺栓未达到拧紧力矩以及运行中螺栓松动现象发生。